图像光流计算方法及其在飞行器导航控制中的应用

杨成伟　李　杰　关震宇　著

U0287473

科学出版社

北京

内 容 简 介

本书系统介绍了图像光流计算方法及其在飞行器导航控制中的应用，包括光流场基本原理与计算方法、稀疏直线匹配光流场计算方法、基于张量黎曼度量的块匹配光流场计算方法、基于时空兴趣点匹配的光流场计算方法以及球面光流场计算方法，探索了光流计算在飞行器导航、避障、控制中的应用方法，并通过计算机仿真和半实物仿真对以上方法进行了验证。

本书可供高等学校和研究机构中从事图像处理和飞行器导航控制等相关专业领域的研究生、研究人员以及技术开发人员学习和参考。

图书在版编目(CIP)数据

图像光流计算方法及其在飞行器导航控制中的应用/杨成伟,李杰,关震宇著. —北京:科学出版社,2017.6
ISBN 978-7-03-052893-3

Ⅰ.①图… Ⅱ.①杨… ②李… ③关 Ⅲ.①图像光学处理-应用-飞行器-航天导航 Ⅳ.①V556

中国版本图书馆 CIP 数据核字(2017)第 113297 号

责任编辑:张海娜　王　苏 / 责任校对:郭瑞芝
责任印制:吴兆东 / 封面设计:蓝　正

科 学 出 版 社 出版
北京东黄城根北街 16 号
邮政编码:100717
http://www.sciencep.com
北京中石油彩色印刷有限责任公司 印刷
科学出版社发行　各地新华书店经销
*
2017 年 6 月第 一 版　　开本:720×1000 B5
2022 年 4 月第三次印刷　印张:14 1/4
字数:290 000
定价:98.00 元
(如有印装质量问题,我社负责调换)

前　言

　　微小型飞行器或无人机是当前的热点研究领域,其中,如何实现飞行器的自主化和智能化是核心研究重点。从仿生研究中可以得出,视觉是人类以及生物重要的感知手段,人类约有80%的信息是通过视觉获取的,因此依靠视觉实现飞行器自主控制成为新的探索方式。但传统计算机视觉处理方法存在不足之处,其算法不能很好地描述运动场与图像之间的映射关系,难以满足飞行器高机动平台对导航控制的需求,图像光流计算方法的出现为飞行器的导航控制提供了新的解决手段。

　　本书主要阐述图像光流计算方法及其在飞行器导航控制中的应用,重点介绍直线匹配、块匹配、兴趣点匹配和球面光流的计算方法,并以飞行器导航控制为背景进行大量的仿真实验。

　　第1章是绪论,主要介绍光流的基本概念、研究分类以及在飞行器导航控制应用的发展趋势。

　　第2章介绍光流场计算的基本原理及基本算法,对光流场和运动场的映射关系、光流约束方程进行分析,并介绍图像预处理的基本方法。

　　第3章提出一种基于直线匹配的稀疏光流场计算方法,并进行理论分析与仿真,确定该方法在计算图像局部光流问题上的有效性。

　　第4章提出一种基于张量黎曼度量的块匹配光流场计算方法,实现对旋转图像和大位移图像匹配光流场的估计。同时,针对航拍序列图像的特点,提出一种基于全局运动估计和局部光流矢量聚类的运动目标检测方法。

　　第5章研究一种时空兴趣点提取方法,并对其判据函数在几何变化下的稳定性进行分析,设计一种基于降维-快速局部自相似性(PCA-FLSS)的特征点描述子,并提出基于PCA-FLSS的特征点匹配光流场计算方法。

　　第6章提出一种基于匹配光流的微小型飞行器避障控制算法,分别使用块匹配光流场和点匹配光流场完成视场景深估计和运动物体的提取。

　　第7章重点研究球面光流场的概念和基本算法,通过与透视投影光流场进行对比,定义球面光流矢量场,建立球面光流场的基本约束方程,并得到球面光流场的S-HS算法和S-LK算法。

　　第8章针对书中提出的光流计算方法,设计计算机仿真实验系统和半实物仿真系统,对基于光流的目标检测、姿态估计、避障等应用进行仿真验证。

　　本书是在作者多年研究的基础上编撰而成的,主要介绍光流计算的基本原理和基本方法,并对研究中提出的新的计算方法和在飞行器应用中的仿真结果进行介绍,汇集大量的研究成果。相信本书的出版会为相关的科研工作者提供一些理论方法和应用参考。

感谢中国博士后科学基金特别资助项目、装备预研项目对作者研究工作的大力支持。感谢课题组杨宇、杨欢、徐蓓蓓、熊琨、吴政隆为本书写作提供大量的图片、数据等资料,感谢闫文雪、佘啸宇、杨帆为本书的写作提供的帮助。

由于作者水平有限,不足之处在所难免,欢迎读者批评指正,提出宝贵意见。

杨成伟

2017 年 2 月于北京

目　　录

第1章 绪 论

微小型飞行器(micro unmanned aerial vehicle,MAV)是指一类尺度在米级或亚米级、借助遥控或自主驾驶技术、能够执行既定任务使命的无人飞行器。根据美国国防部先进项目研究局(Defense Advanced Research Projects Agency,DARPA)提出的要求,MAV应满足以下主要指标,其续航时间为20～60min,航程10km以上,飞行速度为22～45km/h,可以携带有效载荷,完成一定的任务使命。在军事方面,MAV可以装备到连、排一级的士兵,或由载具进行发射、抛撒,执行侦察与毁伤评估、精确打击、通信中继、目标指示、空中警戒等各种作战任务;在民用方面,MAV可用于边检缉私、交通监控、森林防火、电力巡线、航空摄影、气象监测等领域。

国外对于微小型无人飞行器的研究及主要装备情况如表1.1所示。

表1.1 部分国外典型微小型无人飞行器研究现况汇总

国家	名称	类型	尺寸	质量	载荷情况
美国	"指针"	固定翼飞行器	长:1.83m 翼展:2.8m	3.8kg	光电成像设备
美国	"渡鸦"	固定翼飞行器	长:1.1m 翼展:1.3m	2.3kg	200g有效载荷
美国	"龙眼"	固定翼飞行器	机长:0.91m 翼展:1.14m	2.7kg	红外成像设备
美国	"沙漠鹰"	固定翼飞行器	机长:1m 翼展:1.2m	3.2kg	红外成像设备
美国	"静眼"	固定翼飞行器	机长:0.5m 翼展:0.7m	3.6kg	光电成像设备
美国	"弹簧刀"	固定翼飞行器	长:0.6m 翼展:1.34m	2.5～3kg	光电/红外成像设备
美国	LSBM	滑翔伞	直径:73.8mm 长:200mm	2kg	光电成像设备
美国	GLUAV	固定翼飞行器	翼展:468mm	320g	光电成像设备
以色列	Skylite A	固定翼飞行器	直径:0.12m 翼展:1.7m	6.5kg	光电/红外成像设备
以色列	Skylite B	固定翼飞行器	直径:0.12m 机长:1.25m	6.4kg	光电/红外成像设备

　　未来的微小型飞行器正朝着智能化的方向快速发展,总的来讲,目前无人机智能化存在的主要问题就是自主控制问题。一个主要的解决途径是对自然界中的智能行为展开学习和研究,进而将其应用在微小型飞行器的自主控制上。

　　视觉是人类以及生物重要的感知手段,据统计,人类约有 80% 的信息是通过视觉获取的。传统计算机视觉手段同生物视觉系统在处理复杂图像方面相比,特别是运动图像序列的表现,仍然存在着诸多不足,其算法不能很好地描述运动场与图像之间的映射关系,难以满足微小型无人飞行器高机动平台的导航控制需求。

　　大量研究表明,昆虫的神经系统十分简单,处理数据的能力十分有限,却可以单纯利用视觉信息完成飞行和捕食等复杂的行为控制。因此,对智能、快速、基于视觉的控制方法的研究成为了当前飞行器控制领域研究的热点,而光流技术正是在这一背景下被引入微小型飞行器导航和控制领域的。

　　光流,又称光学矢量流。当物体运动时,会在观察者视网膜表面形成连续的像,这些视觉信息连续不断的"流过"视场,仿佛流场一般,故称为光流。光流见诸学术界,最早是在 1950 年 Gibson 为描述图像中模式运动的速度提出的,是一种二维瞬时速度矢量场,使用空间物体三维速度矢量在成像表面的投影来表征。由于光流的方向和大小是由物体与目标间相对运动的方向、速度以及物体与目标间的距离和角度决定的,因此包含丰富的运动信息。事实上,在自然界中,很多飞行生物都是采用光流作为其重要的感知手段,实现在复杂环境中的飞行控制。飞虫运动视场中障碍物产生的光流如图 1.1 所示。因此有关光流计算理论的研究及其在飞行器导航控制中的应用,引起了国内外许多高校和研究机构的关注[1-5]。

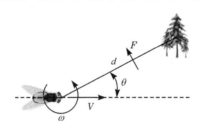

图 1.1　飞虫运动视场中障碍物产生的光流

　　光流辅助飞行器导航控制是指飞行器通过携带的传感器获取光流信息并经过处理后,直接或与其他传感器(如 GPS、IMU 等)信息进行融合后,参与到微小型飞行器姿态控制与航迹控制回路中。在上述过程中,飞行器的控制并不单纯依靠光流信息来完成,而仅作为信息融合情况下的信源之一或其他传感器失效情况下的辅助手段,用于提高飞行控制系统的精度和鲁棒性。

1.1　光流场计算技术发展及研究现状

1.1.1　光流计算技术历史与计算方法现状

如前所述,光流起源于对人和生物视觉系统的研究,但其有效计算方法的真正提出要始于 Horn 和 Schunck[6] 以及 Lucas 和 Kanade[7]。20 世纪 90 年代,学术界对光流计算提出大批新的理论与方法。之后,光流研究进展较为缓慢,主要原因是光流计算技术自身存在一些难点,如计算效率、运动计算可靠性、边界问题和多运动问题等。随着近几年偏微方程、图像张量分析、微分流形等数学理论在光流计算领域的应用,光流计算技术又开始了迅速发展。

总体来看,现今光流计算的研究主要沿着以下思路展开[8]:

(1)基于变分的光流计算方法。该方法的主要原理在于将光流场的获取转化为全局能量泛函最小化的问题,如何求解能量泛函的极值成为了光流计算的关键。变分光流的能量模型主要由平滑项和数据项组成,它们通过不同的形式来约束光流场的计算误差[9-11]。

(2)基于局部邻域约束的光流计算方法。代表性算法为 Lucas 和 Kanade[7] 所述的 Lucas-Kanade 算法,其算法核心思想在于通过局部像素的邻域内光流不变的约束来解决光流计算的适定问题,进而使用最小二乘法估计出全局光流。该类算法的优点在于对噪声不敏感,但其获得的光流场多数是稀疏的。

(3)基于匹配的光流计算方法。目前常见的算法有块匹配方法和点匹配方法。该类方法通过计算两帧图像之间的特征相关性,获取图像上特征的最佳匹配位置,从而获得光流矢量的估计[12,13]。特征匹配无法获取像素级或亚像素级的稠密光流场,但是,其计算速度快且易于硬件实现,因此适用于无人飞行器、机器人等对图像处理速度要求较高的平台。值得一提的是,某种程度上来讲,Lucas-Kanade算法也可看做块匹配方法的一种特殊情况。

(4)基于能量的光流场计算方法。该类方法使用一组带通速度滤波器,将光流场的计算转移到了频域上进行研究[14]。带通速度滤波器按照尺度、速度和方向分别输入信号,光流的方向可以通过等相角线来确定,光流的大小则通过相位的梯度分解求得。

(5)基于相位的光流场计算方法。该类方法使用图像的局部相位代替图像的亮度模式参与光流的计算,从而获取更加鲁棒的光流场[15]。图像局部相位利用如 Gabor 变换等的复带通滤波器的响应获得,之后,使用相位的轮廓线法向速度估计光流场。

(6)其他方法。除了上述传统的光流计算方法,近年来还出现了诸如基于结构张量的方法、基于概率的方法、基于对数图像的方法[16]等,在各自的领域都具有一定的适应性。

综合目前的研究现状,对常用的光流计算方法按照计算速度、计算精度、抗噪能力、光流场是否稠密以及大位移图像光流计算能力等几个性能[17]进行比较,如表1.2所示。

表 1.2　光流计算方法性能比较

光流计算研究分类	计算速度	计算精度	抗噪能力	光流场是否稠密	大位移图像光流计算能力
基于变分	慢	较高	差	是	一般
基于局部邻域约束	较快	一般	较强	否	一般
基于匹配	快	一般	强	否	好
基于能量	慢	高	一般	是	一般
基于相位	慢	较高	一般	是	一般
基于结构张量	慢	较高	较强	是	一般
基于概率	慢	较高	差	是	一般
基于对数图像	一般	较高	一般	是	一般

从表1.2中可以看出,光流算法计算精度和计算速度之间的矛盾依然突出。除了基于匹配的算法,其他算法多数需要大量的数值迭代才可获取较理想的结果[18],因此在计算速度方面仍不能满足实时系统的需求。当下,对传统光流算法的加速依赖于对计算网格的改进或计算架构的提升,后者利用GPU的高效计算能力[19],如在CUDA架构下提高光流的实时计算效率。

对适配微小型飞行器控制系统的光流算法而言,需要在计算速度和计算精度之间取得平衡;同时,鉴于使用环境的复杂性,需要兼顾抗噪能力;另外,考虑飞行器的机动性大于一般移动机器人,因此对大位移情况(一般定义为10个像素以上[20])的计算能力也有要求。综上可以看出,基于特征匹配的光流计算方法最能满足上述需求。事实上,受限于现有硬件水平,基于特征匹配的光流算法也正是实时系统中使用最为广泛的算法。

1.1.2　基于匹配的光流计算方法概述

传统的基于匹配的方法按照选用的匹配模式可以分为块匹配光流场计算方法和点匹配光流场计算方法。

1) 块匹配光流场计算方法

所谓基于块匹配的光流方法(blocking matching algorithm,BMA),是将图像划分成不相重叠的小区域,并且对于每一个块内的运动使用一个简单的参数模型加以特征化。在本质上,块匹配法是一类基于模式的相关匹配方法,它将光流场定义为某观察点在某一时刻前后所产生的最佳拟合位移,目前可使用的图像模式包括纹理特征、角点特征、灰度特征等[21-23]。通过假设块内各像素只做相同的位移,然后在划定的搜索邻域内,根据一定的匹配准则找出匹配块,由匹配块与当前块的相对位置计算出运动位移,并除以帧间时间间隔,即得到块匹配光流场。块匹配光流场的计算原理如图 1.2 所示。其中,m 和 n 为像素数。

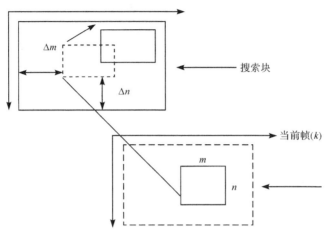

图 1.2 基于块匹配的光流计算原理图

块匹配法的优势在于算法简单,易于并行计算硬件实现,计算速度快。该类方法的缺点在于当遮盖发生时,图像中会存在匹配点漂移问题;同时,匹配结果可能存在多峰分布,影响正确匹配点的选取。究其原因,主要有以下两个:①小模板内信息较少;②正确的匹配点可能无法获得最高的匹配度。另外,块匹配法很难获取像素级或亚像素级的稠密光流场,使其使用范围受到一定限制。

为了解决上述问题,Berger 等[24]通过深度传感器引入图像深度信息,使图像匹配增加了新的描述特征,从而提高了匹配光流的计算精度;Macaodha 等[25]引入图像的结构张量取代灰度值,用于图像序列的块匹配,提高了匹配精度,同时使算法具有一定的抗光照变化能力;Liu 等[26]提出一种 SIFT Flow 计算方法,该方法通过提取图像中每个像素处的 SIFT 特征来替代像素值进行匹配,得到两幅图像间点对点的稠密流场,用来描述目标的运动场,其缺点是计算量较大。Colored SIFT(CSIFT)在颜色不变空间构建了 SIFT 描述子[27],与 SIFT Flow 相比,这种方法对颜色和光照变化更加鲁棒。Alvarez 等[20]描述了一种基于灰度正则化相关的光流场计算方法,并给出了光流可信度的评价准则。为了提高算法对非刚体光流的计算性能,出现了变形块匹配方法、基于网格的描述方法等算法,进一步提高了光流场的计算准确性。

块匹配光流计算方法有三个核心要素:特征描述、匹配准则和块划分方法。

前述研究主要集中在对特征描述符的改进和块划分方法的改进,对匹配准则的研究则较少涉及,而在图像匹配领域,合适的匹配准则可以提高旋转、遮挡、光照变换等情况下的光流场计算精度和计算效率。传统的匹配准则主要依靠模板和待匹配图像之间的灰度值矩阵相关性或灰度分布函数相关性来获得最佳匹配位置[28-30]。

由于序列图像本身就可以抽象为一个三维的时空张量,因此,利用张量方法对图像进行分析是序列图像处理的一个重要分支,并已经在诸如人脸识别、行为模式识别、图像匹配等领域获得了广泛应用。随着结构张量理论在图像处理中的应用,使用结构张量描述下的图像特征,继续使用欧氏距离来设计匹配准则已经不再适合,因此传统的基于灰度相关方法的匹配准则亟须改进。Tuzel 等[31]在流形空间中讨论了图像结构张量的匹配准则,使用张量在黎曼流形的测度取代欧氏距离进行匹配;Huttenlocher 等[32]和 Sim 等[33]讨论了一系列基于 Hausdorff 距离及其改进的匹配准则,取代了传统的相关性匹配准则,在遮挡情况下使用该匹配准则可以进一步提高图像的匹配性能。这些研究为块匹配光流计算方法的匹配准则设计提供了新的研究思路。

2) 点匹配光流场计算方法

点匹配光流场是基于两帧图像之间局部不变特征点匹配获得的运动矢量场。相比块匹配光流,图像中的局部不变点特征的数目较少,计算较为简便。此外,点特征对位置的变化较为敏感,并对光照变化、噪声、图像畸变和遮挡具有一定的适应能力,因此点匹配的光流场可以提供一种局部的、稀疏的图像光流场。虽然该种光流场丢失了部分图像的运动信息,但其较高的运算效率决定了其作为一种"轻量级"的算法(特别相较于变分法),更便于硬件实现。

与块匹配不同,点匹配光流场的研究主要集中在两方面:①局部不变特征点提取算法;②特征点局部不变特征描述。

图像的特征点一般指序列图像中具有不变性质的点,如灰度的图像局部极大值点等。一般来说,图像特征点具有以下特性:

(1) 不变性,点的某种特征在序列图像中不发生变化,这也是匹配的基础;

(2) 重复性,同一点可以在不同时刻的不同图像上被检测到,稳定性好;

(3) 唯一性,同一特征描述下的点对应同一个点,具有良好的区分性。

角点是一类重要的特征点,包含了图像的形状信息,对掌握目标轮廓特征具有重要意义。角点是图像梯度场的局部极值[34],一般是图像中边缘点或线的交点,常用的算法如利用梯度信息的 Harris 角点算子,利用灰度信息的 SUSAN 算子等[35]。SIFT 点是另一类重要特征点,是 Lowe[36]结合不变性特征,提出的一种具有尺度不变性、旋转不变性的特征点。随着张量方法在图像处理中的应用,出现了一类通过张量方法提取特征点的思路。Lowe[37]和 Kothe[38]对结构张量进行了分析,可用于检测图像的局部结构特征(点、线、纹理等)。Ngo 等[39] 和 Kuhne 等[40] 分析了结构张量在图像运动区域分割中的应用。上述方法均是通过分析结构张量的特征值,测算图像中的变化点,进而获取图像中运动区域。Laptev[41] 首先提出了时空兴趣点的概念,并模仿 Harris 算子提出了时空兴趣点的判据函数,用于图像中运动区域的检测。Yan 和 Pollefeys[42]、Bregonzio 等[43] 分别提出了新的判据函数,用于提取序列图像时空兴趣点。综合来看,抗干扰性更强和具有多种变换不变性的特征点是局部特征点检测的发展方向。

目前,在特征点的不变性描述方面最主流的是 SIFT 描述子。SIFT 描述子首先通过高斯滤波产生一系列的尺度空间(scale space)上的图像。设原始图像为 $I(x,y)$,通过高斯滤波器得到

$$L(x,y,\sigma) = G(x,y,\sigma) * I(x,y) \tag{1.1}$$

其中,$*$ 表示卷积运算;$G(x,y,\sigma)$ 为高斯函数。令 $\sigma^2 = 2$,则

$$G(x,y,\sigma) = \frac{1}{2\pi\sigma^2} e^{-(x^2+y^2)/(2\sigma^2)} \tag{1.2}$$

对生成的图像进行高斯滤波,一共生成 5 个图像,记为一层(octave),之后将采用率降低一半,生成另一层。如此,可以构建一个图像金字塔(image pyramid),生成尺度空间上的图像。之后对同一层相邻图像进行差分,生成高斯差分(difference of gaussian,DOG)图像,如图 1.3 所示。

$$
\begin{aligned}
D(x,y,\sigma) &= (G(x,y,k\sigma) - G(x,y,\sigma)) * I(x,y) \\
&= L(x,y,k\sigma) - L(x,y,\sigma)
\end{aligned} \tag{1.3}
$$

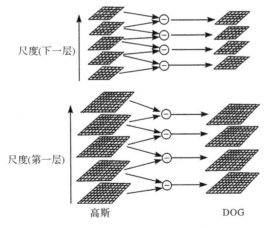

图 1.3　尺度空间图与 DOG 差分图

对生成的 DOG 图像进行极大值检测,如果采样点是在其所在图像 8 邻域或前后帧 9 邻域中的极大值或极小值,则可确定该点为特征点,如图 1.4 所示。对特

征点进行描述。对特征点的 8×8 邻域计算梯度幅值 $m(x,y)$ 和梯度方向 $\theta(x,y)$：

$$\begin{cases} m(x,y) = \sqrt{(L(x+1,y)-L(x-1,y))^2 + (L(x,y+1)-L(x,y-1))^2} \\ \theta(x,y) = \arctan\left(\dfrac{(L(x+1,y)-L(x-1,y))}{(L(x,y+1)-L(x,y-1))}\right) \end{cases}$$

$$(1.4)$$

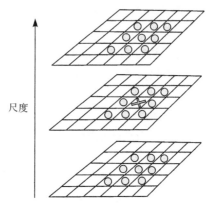

图 1.4　局部极大值或者极小值即为特征点

在邻域内对梯度幅值进行高斯加权并进行梯度直方图统计,生成描述向量,即为像素的 SIFT 描述子。

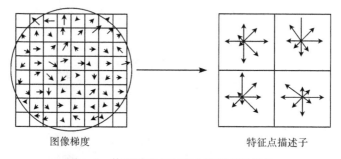

图像梯度　　　　　　　　　　　　　　　特征点描述子

图 1.5　使用梯度方向直方图描述特征点

如图 1.5 所示,将 8×8 邻域划分为 4 个 4×4 的子区域,在各个子区域内进行高斯加权并进行梯度方向直方图统计,最终可生成 128 维描述向量。

对前后两帧图像提取出的 SIFT 特征点进行描述子匹配,即可得到两帧图像的匹配点集 X_1 和 X_2,进行差分即可得到基于 SIFT 匹配的光流场。SIFT 特征点匹配光流具有尺度不变、旋转不变等优良性能,但采用了 128 维的描述子,导致其计算速度较慢,难以在实时系统中获得应用。此外,目前主要的特征描述子还包括 GLOH、shape context、steerable filters[44]、complex filters、differential invariants、 moment invariants、spin images[45]、RIFT[46]、geodesic sampling[47]、global context[48]等特征描述子。基于子空间分析的降维特征描述子主要有 PCA-SIFT[49]、PSIFT[50,51]、LPP-SIFT、SPCA-SIFT、LDP-SIFT 等。

上述描述子中应用较广泛的是 PCA-SIFT 和 SURF 描述子,前者利用主成分分析对 SIFT 描述子进行降维,从而加快计算效率;后者使用 Hessian 矩阵确定候选点,然后进行非极大抑制,将描述子维度降低到 64 维,从而在不改变匹配性能的前提下对算法进行加速。Khan 等[52]、Juan 和 Gwon[53]对上述两种改进性能进行了说明,如表 1.3 所示。

表 1.3 SIFT 描述子、PCA-SIFT 描述子、SURF 描述子性能比较

描述子	计算时间	尺度不变	旋转不变	抗模糊	抗光照突变	仿射不变
SIFT	一般	最好	最好	一般	一般	较好
PCA-SIFT	较好	较好	较好	最好	较好	最好
SURF	最好	一般	一般	较好	最好	较好

对于连续运动的图像序列,其采样间隔较小,使对匹配算法旋转不变性的要求高于尺度不变性。局部自相似(local self-similarity, LSS)描述子(及其改进 PCA-LSS、FLSS 描述子)是一种反映图像内在几何分布和局部形状属性的特征描述子,被用于图像分类、目标识别以及多模态视频数据配准。与 SIFT 描述子相比,LSS 描述子是一种更加"轻量化"的描述子,其旋转不变性能不如前述描述子,但其构造更为简单,计算效率更高,而且具有一定的仿射不变性和几何不变性,因此,适合匹配光流场的计算要求。

综观上述两类特征匹配的光流场计算方法,在光流辅助微小型飞行器导航控制领域可谓各有所长:块匹配光流场可以获得全局光流信息,虽然计算精度不如后者高,但可以对运动视场获得一个宏观的估计,对诸如环境感知、视觉导航、障碍提取具有独特的优势;而点匹配光流,可以获取图像局部精确的点位移信息,这对估计飞行器的姿态、提取视场中运动目标、计算飞行器相对位置具有重要的意义。

目前,基于特征匹配的光流算法存在的主要问题如下:

(1)计算效率有待提高。虽然块匹配光流和点匹配光流相比于其他光流计算方法,在计算效率上具有一定的优势,但就目前发展而言,仍不能满足实时系统的使用需求,因此,亟须探索新的匹配光流场计算理论,对传统算法进行加速。

(2)计算精度有待提高。块匹配光流场计算精度总体来看,相比其他光流场获取算法处于较低的水平,尤其是在噪声、遮挡、光照突变等情况下,算法的计算精度会受到较大影响。

(3)对飞行器控制系统的适应性有待提高。飞行器的高机动性决定了其视觉系统需要具备处理旋转图像以及大位移图像的能力,而传统的基于特征匹配的光流场算法在这方面的能力较差。

1.1.3　球面光流计算方法概述

　　生物界昆虫的视觉原理是诸多光流智能控制的灵感源泉,昆虫视觉里最突出的一个特点就是复眼所呈现出的球面图像。传统的透视投影成像模型的成像机制与昆虫复眼的成像机制有较大差别。再者,透视投影光流场的运动解析式十分复杂,昆虫的神经系统过于简单而无法承载如此大的运算消耗。因此,若要进一步提升光流自主控制的智能化,就必须在球面图像的系统中实现。

　　21世纪后,由于坚实的数学理论基础,各种基于时空梯度的算法持续发展。然而,由于经典光流场理论自身存在着孔径问题、遮挡问题、图像场与运动场解析关系复杂、适用成像机制单一等问题,其计算方法和运动理解都遇到了不少瓶颈。随着光学技术的发展,大量广角非透视成像的视觉传感器得到应用,非透视投影图像光流探测成为解决经典光流算法困境的方法。2006年,巴黎第六大学的Rekik等[54]提出了利用完全二维模型求解仿生球面图像的方法,他们使用较为简略的参数模型,以牺牲光流信息的准确性为代价,获取快速判断运动趋势的时效性。2007年,澳大利亚国立大学的McCarthy等[55]在处理鱼眼图像测量景深的问题上,使用将平移矢量转换为旋转矢量对的方法来克服鱼眼图像中的图像扭曲问题,这实际利用了球面图像成像模型的一部分性质。相对地,2005年日本千叶大学的Torii等[56]提出了用变分法分析全景图像光流的方法,文章分析了屈光的鱼眼光学模型和折射反射的全景光学模型下的光流计算方法。

　　球面光流场就是非透视投影的镜头序列产生的图像运动场。传统的透视投影成像模型已经不能满足球面光流场的分析需求,而非透视投影镜头的成像规律随着硬件的差别很大,逐个建立光流场理论不具有普适性。因此,分析非透视投影镜头序列的最好方法是将不同的成像模型同时投射到一个理想的模型下,再将光流场建立在普适的理想模型下。在建立非透视投影成像模型的普适理想模型的基础上,通过传统透视模型下的光流场计算方法进行推广。具体的理想模型的建立和球面光流的具体计算方法将在后续章节中进行详细介绍。

1.2　光流辅助飞行器导航与控制概述

1.2.1　传统微小型飞行器导航与控制技术发展现状

　　目前,飞行器常用的导航控制技术如下:

　　(1)基于地磁的导航。将地磁传感器的各个轴与飞行器各轴相对应进行安装,当飞行器的姿态改变时,即改变了进入感应线圈测量轴的磁场强度,在感应线圈中产生了大小、方向随飞行器姿态变化的电压,该电压与各轴的磁场强度成正比,通过坐标变换及姿态解算即可计算出姿态角。该方法的优点是结构简单、具有较强的抗过载能力、可全天候工作,缺点是需要其他传感器配合才可工作。

(2) 光纤陀螺/卫星组合导航。利用高精度全固态光纤陀螺,结合卫星姿态敏感器来测量飞行器姿态和航迹的变化。该系统的优点是可靠性相对较高,测量精度好;缺点是装置复杂、造价高,在微型无人飞行器中难以应用,同时在城区、市内等复杂环境下,存在 GPS 信号丢失或被干扰的情况,影响整体精度。

(3) MEMS 惯性导航。使用 MEMS 陀螺仪测量载体的旋转角速度。在哥氏力的作用下,陀螺中质量块将在三维空间的另一方向上以敏感模态同频率振动,幅度与角速度大小成正比,相位与角速度方向有关,从而获得角速度信息。MEMS 陀螺具有体积小、灵敏度高、实时性好的特点;缺点是惯性导航系统需要初始对准,同时存在温度漂移等误差。

(4) 加速度计法导航。该方法具有低成本、低功耗、长寿命、高可靠性、能承受高过载的优点;缺点是算法处理复杂,存在安装误差等。目前,研究较多的有三加速度计法、六加速度计法和九加速度计法等方案。

早期的飞行器上并没有诸多传感设备,但人类依旧可以利用自身视觉的判断来完成飞行器的操控。微小型无人飞行器普遍携带载荷的能力有限,因此不具备携带过重载荷(如星敏、光纤陀螺等)的能力;自身尺寸较小(米级或亚米级),不便于使用差分 GPS 实时测量飞行器俯仰和滚转通道的角度变化;多工作在低空、城区或室内等复杂环境下,卫星信号存在难以接收或被干扰的可能性;而微小型飞行器上多携带侦察载荷,因此,尝试使用视觉信息来控制飞行器就成为题中之义。

与传统微小型飞行器导航与控制方法相比,基于视觉信息的飞行控制技术具有以下优点[57]:

(1) 实现方式更接近人类认知,系统可在复杂环境下处理与决策。

(2) 利用飞行器自身携带的图像传感器作为信息来源,平台不需要增加新的任务载荷和能源消耗,非常适合体积、质量有限的微小型飞行器使用。

(3) 视觉信息的获取非常直观、简便,且不受建筑物遮挡,不易受到周围温度、电磁场等物理场变化的干扰,在诸如城区、室内等复杂战区环境中,在 GPS 失效、IMU 漂移等情况下,仍可以正常工作,是传统导控手段的有效补充。

(4) 全程工作在被动模式,相比于激光、雷达辅助导航,具有一定的隐蔽性。

(5) 在不依赖地面导引的情况下,可自主探测周围环境并完成诸如循迹、避障等机动控制,这一点对未来智能飞行器实现自主控制具有重要的意义。该种方法不需要引入新的测量手段和测量系统,原理简单,可靠性较高。

1.2.2　光流在飞行器导航控制中的应用

　　微小型飞行器并不是常规飞行器的简单缩小,由于受到体积和载荷重量等方面的限制,在结构设计、气动设计、动力系统和导航控制方法等方面与传统飞行器存在较多不同。尺寸的微小化对飞行器导航和控制系统的设计提出了新的要求,传统的高精度、低漂移的陀螺由于体积和重量的原因并不适合微小型飞行器导航和控制系统使用;基于 MEMS 技术开发的微陀螺和微加速度计等器件受限于现有的精度、稳定性、温漂等因素制约,在长期使用时会产生较大的积累误差;差分GPS 等导航控制手段由于微小型飞行器自身尺寸的限制,使用时将面临较大的测量误差。上述局限性都表明,微小型飞行器需要引入新的信息源,对传统导航和控制方法进行辅助和补充。

　　自然界的飞行生物经过漫长的进化,产生了适于自身生存的飞行器官、信息处理方式和行为控制模式,具有在复杂混乱环境中保持稳定飞行并安全规避各种障碍、抵抗阵风干扰、完成对目标的捕获、追踪与攻击的能力,而上述能力正是微小型飞行器控制系统发展的目标。因此以光流技术为手段,辅助微小型飞行器的导航和控制成为一项新的热点。

　　《飞行控制》[58]中指出,按照控制器间的相互作用,飞行器导航与控制系统可以分为四个层次,图 1.6 为一个典型的微小型飞行器导航控制系统,其中,层次 1 为伺服机构控制回路,主要对飞行器舵机等各个执行机构的控制;层次 2 为姿态控制回路,主要对飞行器的姿态角和空气动力状态(如侧滑角、迎角等)的控制;层

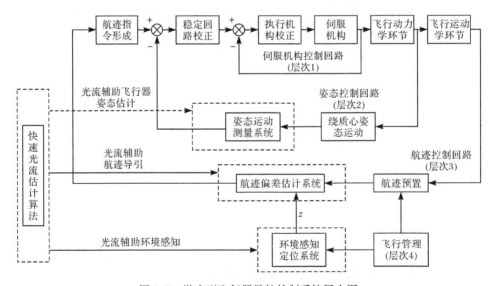

图 1.6　微小型飞行器导航控制系统层次图

次 3 为航迹控制回路,主要对空速、高度以及对地航迹的控制;层次 4 为飞行管理层次,根据天气情况、空中交通状况以及适航性情况制定飞行航线计划。由图 1.6 可以看出,光流信息可以参与到飞行器姿态控制回路、航迹控制回路和飞行管理回路中,并起到辅助作用。

　　光流辅助飞行器导航控制主要研究图像灰度在时间上的变化与视野中物体相对运动的关系。国外多家研究机构都在该领域展开研究,斯坦福大学、美国加州大学伯克利分校等高校分别都成立了相关课题的研究小组,以模仿昆虫的光流视觉感知机制。2003 年,澳大利亚国立大学的 Chahl 等[59]通过研究蜻蜓的复眼开发出人造仿生复眼;2006 年,华盛顿大学的 Nehorai 等[60]为了定位远距离的微放射源,设计了一个模拟昆虫复眼的微探测器阵列。图 1.7 为澳大利亚国立大学生物科学学院研制的模拟蜻蜓复眼的二维阵列式光学探测器。

图 1.7　模拟蜻蜓复眼的二维阵列式光学探测器

　　神经生物学的研究显示,当生物观察运动物体时,其大脑中存在两个被运动激活的特殊脑区:MT 区(中颞叶皮层,又称 V5 区),以及与其相邻的 MST 区(内侧上颞叶皮层)。上述两个区域都可以接受来自视网膜上的光流信息输入,却又各有分工。MT 区负责探测视野中具有大范围运动的物体,大多数细胞会选择性地对以一定速度向一定方向的运动进行刺激反应;除了探测绝对速度外,它们也会探测物体的运动加速度信息。MST 区域则负责检测整个背景的运动情况,包括背景的旋转、扩张或收缩。这两种区域分别负责记录单个物体运动和记录整个背景运动的趋势。

　　当人或动物进行自体运动时,视网膜上光流信息的变化可以提供周围环境的丰富信息。一般认为,光流信息由三种基本成分组成:径向运动、旋转运动和平动,如图 1.8 所示。光流运动模式随时间变化,对观察者判断前进方向、调整姿势、估计距离等具有重要的作用。

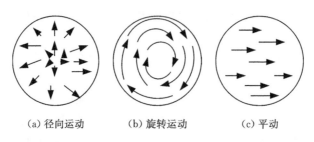

(a) 径向运动　　　　　(b) 旋转运动　　　　　(c) 平动

图 1.8　光流信息的三种基本成分示意

一般地,视网膜上的光流信息很少有绝对的旋转运动、绝对的径向运动或绝对的平动,大多数是两种以上的运动形态进行耦合。根据相关研究,在猫大脑皮层内分别存在对上述三种基本成分分别较为敏感的区域,这在某种程度上支撑了脑神经关于光流信息分析的通道分离假说[61],即在脑皮层中可能存在分离通道,可以分别加工光流的三种基本成分,而不是对光流合成后形成的螺旋空间进行采样。

研究已经表明,当观察者在注视方向不变时,生物体可以借助光流的变化,依据周围环境扩张运动的中心(FOE)来获得前进方向(heading)。当在扩张运动上加上一个旋转分量时,扩张的中心就不再成为前进的方向,就会导致前进方向的确定产生困难。该旋转分量的消除依赖于对自身姿态信息的获取,再通过眼动来补偿,进而获取消除旋转分量后的平移光流。眼动补偿中的自身姿态信息获取机理尚不清楚,有一类观点认为生物通过前庭器官(如人类的半规管)获取,另一类观点则认为生物可以通过对光流场的处理直接获取自身姿态。

Elder 等[62]给出的脑皮层视觉导引和感知的 STARS 模型进一步指出,要实现基于光流的自主运动,必须获得以下信息:①当前运动的方向;②视场景深信息估计;③目标/障碍的识别。该模型指出,视网膜获得光流信息之后,会在脑皮层的 V2 区域形成视场的景深信息,并在 MT 区域以及 MST 区域完成障碍/目标位置提取和周围环境的感知,最终实现对运动的控制。

综上可以看出,生物利用光流进行运动控制的信息流图如图 1.9 所示,视网膜上形成的视觉信息在大脑的 MST 区和 MT 区分别获得背景光流信息和视场中运动物体的光流场,结合感觉神经(如半规管等)获得的自身姿态信息,即可获得自身姿态的变化情况、相对背景运动情况、背景景深信息,并对视场中的运动物体进行检测、提取并估计其运动速度。上述功能可以归纳为三点:速度/角速度估计功能、环境感知功能和运动轨迹导引功能。目前,关于光流辅助飞行导航与控制的研究正是基于上述思路展开的。

在光流辅助姿态估计方面,运动场与图像场的不唯一对应关系一直是计算机视觉领域的研究难点。Stowers 等[63]使用安装在飞行器底部的敏感装置计算光

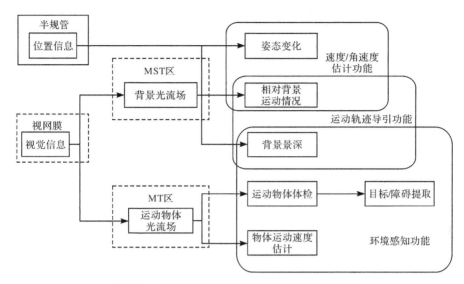

图 1.9 生物利用光流进行运动控制的信息流图

流信息,为了避免笛卡儿坐标系下的解耦运算,在极坐标系下完成姿态角估计,提高了计算的实时性。Verveld 等[64]使用 6 个正交安装的光流传感器,结合三轴加速度计,融合后得到了载机的姿态信息;避免使用单个传感器带来的计算误差。

在光流辅助环境感知方面,传统光流场方程求解比较复杂,因此通常对其进行线性化,以利于场景相对深度的计算,进而检测环境和规避障碍物,以实现无人机的自主导航。Green 等[65]使用光流传感器提取其室内固定翼飞行器视野内的障碍物位置信息,避障策略为使 FOE 位于光流矢量较小的区域;Julien 等[66]利用侧向的光流传感器,控制无人机在走廊环境下进行自主避障,当无人机偏离走廊的中心时,根据两侧光流信息差调整无人机的相对位置;马里兰大学的 Conroy 等[67]则设计了抛物面状的光流反射面,将普通光流传感器改造成全景光流传感器,获得更全面的光流信息,求解侧向位置以及前向速度,实现无人机在复杂环境中的定位和飞行。

尽管利用光流进行飞行导航及控制的研究都取得了不小的成就,但目前仍然没有人能够在不依赖外加信息(如 GPS 和导航图等)的情况下完成飞行器的自主驾驶,大部分的研究还是采用光流复合多传感器来控制飞行器。Neumann 和 Bülthoff[68]用光流和匹配滤波器来控制飞行器高度并躲避树状的障碍物,这种控制策略要求飞行器总处于水平状态,同时环境必须要有确定的灰度梯度分布,这一条件在仿真环境下容易确定,在真实环境中却不容易满足。Griffiths 及其团队[69]将光流定位传感器作为补充的测距传感器,微小型飞行器装备 IMU 以及 GPS,并以三维地图作为基础,以求得优化的三维航迹。为了能够对在计算出的航迹上出现的未知障碍物做出避障反应,它在正前方配备了一个激光测距传感器,在两侧配备了两个光学定位传感器。飞行实验验证了该方法控制飞行器在自然峡谷中低空飞行的可行性。在飞行过程中,标定的路径总是故意从峡谷的一侧摆向峡谷的另一侧,而定位传感器总是将飞行器带向中心线区域。尽管没有数据能够说明实验测量的准确性,但实验证明了光流定位传感器能够在室外环境下估测大距离的尺度范围。Hrabar 及其团队[70]也在控制大型直升机寻中线飞行的实验中,使用了侧面的光流传感器,而在避免碰撞前方障碍物时,他们采用了立体视觉的处理方法。这项研究与 Muratet 及其团队[71]于同年提出的研究相似,他们致力于基于光流的城区峡谷导航。然而,在这些项目中,视觉传感器并不是主要的导航依据,控制系统还是主要依赖传统的自动导航设备。

1.3　本 章 小 结

本章主要对光流的常见计算方法进行了概述,并对光流技术在微小型飞行器中的使用进行了简要介绍。

光流法的计算方法有:基于变分的光流计算方法;基于局部邻域约束的光流计算方法;基于匹配的光流计算方法;基于能量的光流场计算方法;基于相位的光流场计算方法以及其他方法。

光流法在微小型飞行器中主要应用于飞行器导航领域,包括飞行器自身姿态的计算、环境信息的获取等方面。

参 考 文 献

[1] 关震宇,李杰,杨欢,等. 基于直线稀疏光流场的微小型无人机姿态信息估计方法研究. 兵工学报,2014,35(11):1851-1859.

[2] 王亮. 光流技术及其在运动目标检测和跟踪中的应用研究[硕士学位论文]. 长沙:国防科学技术大学,2007.

[3] Iida F. Goal-directed navigation of an autonomous flying robot using biologically inspired cheap vision. Proceedings of The 32nd International Symposium on Robotics,Seoul,2001.

[4] Iida F. Biologically inspired visual odometer for navigation of a flying robot. Robotics and Autonomous Systems,2003,44:201-208.

[5] Pornsin T N, Tai Y C, Ho C M, et al. Microbat: A palmsized electrically powered ornithopter. Proceedings of NASA/JPL Workshop on Biomorphic Robotics,Pasadena,2001.

[6] Horn B K R,Schunck B Q. Determining optical flow. Artificial Intelligence,1981,1(17):185-203.

[7] Lucas B,Kanade T. An iterative image registration technique with art application to stereo

vision. Proceedings of DARPA Image Understanding Workshop, New York, 1981.

[8] 陈震. 图像光流序列计算技术及其应用. 北京:电子工业出版社, 2012.

[9] Barron J L, Fleet D, Beauchemin S. Performance of optical flow techniques. International Journal of Computer Vision, 1994, 12(1):43-77.

[10] Stiller C, Konrad J. Estimating motion in image sequences. IEEE Signal Processing Magazine, 1999, 16(4):70-91.

[11] Baker S, Roth S, Scharstein D, et al. A database and evaluation methodology for optical flow. The 11th International Conference on Computer Vision, Rio de Janeiro, 2007.

[12] Singh A. Optic Flow Computation: A Unified Perspective. New York: IEEE Computer Society Press, 1992.

[13] Anandan P. A computational framework and an algorithm for the measurement of visual motion. International Journal of Computer Vision, 1989, 2(3):283-310.

[14] Figueira D, Moreno P, Bernardino A, et al. Optical flow based detection in mixed human robot environments. Advances in Visual Computing, 2009, 2587:223-232.

[15] Gautama T, van Hulle M. A phase-based approach to the estimation of the optical flow field using spatial filtering. IEEE Transactions on Neural Networks, 2002, 13(5):1127-1136.

[16] Daniilidis K, Krüger V. Optical Flow Computation in the Log-polar-plane. Computer Analysis of Images and Patterns, Prague, 1995:65-72.

[17] 徐晶, 方明, 杨华民. 计算机视觉中的运动检测与跟踪. 北京:国防工业出版社, 2012.

[18] 李秀智, 贾松敏, 尹晓琳, 等. 视觉光流矢量场估计算法综述. 北京工业大学学报, 2013, 39(11):1638-1643.

[19] Chambolle A, Pock T. A first-order primal-dual algorithm for convex problems with applications to imaging. Journal of Mathematical Imaging and Vision, 2011, 40(1):120-145.

[20] Alvarez L, Weickert J, Sanchez J. Reliable estimation of dense optical flow fields with large displacements. International Journal of Computer Vision, 2000, 39(1):41-56.

[21] Xu L, Chen J, Jia J. A segmentation based variational model for accurate optical flow estimation. Computer Vision-ECCV 2008, Marseille, 2008.

[22] Wu Q X. A correlation-relaxation-labeling framework for computing optical flow-template matching from a new perspective. IEEE Transactions on Pattern Analysis and Machine Intelligence, 1995, 17(9):843-853.

[23] Zhang K, Zhong D, Yan J, et al. Research on the image matching and tracking algorithm for the end of infrared target tracking. International Conference on Audio, Language and Image Processing, Shanghai, 2008:557-562.

[24] Berger K, Kastner M, Schroeder Y, et al. Using sparse optical flow for two-phase gas flow capturing with multiple Kinect // Computer Vision and Machine Learning with RGB-D Sensors. Berlin: Springer International Publishing, 2014:157-169.

[25] Macaodha O, Humayun A, Pollefeys M, et al. Learning a confidence measure for optical flow. IEEE Transactions on Pattern Analysis and Machine Intelligence, 2013, 35(5):1107-

1120.

[26] Liu C, Yuen J, Torralba A. Sift flow: Dense correspondence across scenes and its applications. IEEE Transactions on Pattern Analysis and Machine Intelligence, 2011, 33(5): 978-994.

[27] Abdel-Hakim A E, Farag A A. CSIFT: A SIFT descriptor with color invariant characteristics. IEEE Computer Society Conference on Computer Vision and Pattern Recognition, 2006, 2: 1978-1983.

[28] 丁雪梅, 王维雅, 黄向东. 基于差分和特征不变量的运动目标检测与跟踪. 光学精密工程, 2007, (04): 570-576.

[29] 杨晓敏, 吴炜, 卿粼波. 图像特征点提取及匹配技术. 光学精密工程, 2009, (09): 2276-2282.

[30] 桑智明. 几种基于灰度的图像匹配算法研究[硕士学位论文]. 天津: 南开大学, 2011.

[31] Tuzel O, Porikli F, Meer P. Human detection via classification on Riemannian manifolds. IEEE Conference on Computer Vision and Pattern Recognition, Minneapolis, 2007.

[32] Huttenlocher D P, Klanderman G A, Rucklidge W J. Comparing images using the Hausdorff distance. IEEE Transactions on Pattern Analysis and Machine Intelligence, 1993, 15(9): 850-863.

[33] Sim D G, Kwon O K, Park R H. Object matching algorithms using robust Hausdorff distance measures. IEEE Transactions on Image Processing, 1999, 8(3): 425-429.

[34] Moravec H P. Towards automatic visual obstacle avoidance. International Joint Conference on Artificial Intelligence, Cambridge, 1977: 584-600.

[35] Smith S M, Brady J M. SUSAN-a new approach to low level image processing. International Journal of Computer Vision, 1997, 23(1): 45-78.

[36] Lowe D G. Distinctive image features from scale-invariant keypoints. International Journal of Computer Vision, 2004, 60(2): 91-110.

[37] Lowe D G. Object recognition from local scale-invariant features. Proceedings of the 7th IEEE International Conference on Computer Vision, Corfu, 1999.

[38] Kothe U. Integrated edge and junction detection with the boundary tensor. Proceedings of the 9th IEEE International Conference on Computer Vision, Nice, 2003.

[39] Ngo C W, Pong T C, Zhang H J. Motion analysis and segmentation through spatio-temporal slices processing. IEEE Transactions on Image Processing, 2003, 12(3): 341-355.

[40] Kuhne G, Weickert J, Schuster O, et al. A tensor-driven active contour model for moving object segmentation. Proceedings of the International Conference on Image Processing, Thessaloniki, 2001: 73-76.

[41] Laptev I. On space-time interest points. International Journal of Computer Vision, 2005, 64(2-3): 107-123.

[42] Yan J, Pollefeys M. Video synchronization via space-time interest point distribution. Proceedings of the Advanced Concepts for Intelligent Vision Systems, Brussels, 2004: 501-504.

[43] Bregonzio M, Gong S, Xiang T. Recognising action as clouds of space-time interest points.

IEEE Conference on Computer Vision and Pattern Recognition, Anchorage, 2009: 1948-1955.

[44] Freeman W, Adelson E. The design and use of steerable filters. IEEE Transactions on Pattern Analysis and Machine Intelligence, 1991, 13(9): 891-906.

[45] Lazebnik S, Schmid C, Ponce J. Sparse texture representation using affine-invariant neighborhoods. Proceedings of the Conference on Computer Vision and Pattern Recognition, Madison, 2003: 319-324.

[46] Lazebnik S, Schmid C, Ponce J. A sparse texture representation using local affine regions. IEEE Transactions on Pattern Analysis and Machine Intelligence, 2005, 27(8): 1265-1278.

[47] Ling H, Jacobs D W. Deformation invariant image matching. Proceedings of the 10th IEEE International Conference on Computer Vision, Beijing, 2005: 1466-1473.

[48] Mortensen E, Deng H, Shapiro L. A SIFT descriptor with global context. Proceedings of the IEEE Computer Society Conference on Computer Vision and Pattern Recognition, San Diego, 2005: 184-190.

[49] Ke Y, Sukthankar R. PCA-SIFT: A more distinctive representation for local image descriptors. IEEE Conference on Computer Vision and Pattern Recognition, Washington D. C. , 2004: 506-513.

[50] Zhao W L, Chong-Wah N. Scale-rotation invariant pattern entropy for keypoint-based near-duplicate detection. IEEE Transactions on Image Processing, 2009, 18(2): 412-423.

[51] Zhao W L, Tan S, Ngo C W. Large-scale near-duplicate Web video search: Challenge and opportunity. International Conference on Multimedia and Expo (ICME), Workshop on Internet Multimedia Search and Mining, Cancun, 2009.

[52] Khan N Y, Mccane B, Wyvill G. SIFT and SURF Performance Evaluation Against Barious Image Deformations on Benchmark Dataset. New York: IEEE Computer Society, 2011: 501-506.

[53] Juan L, Gwon O. A comparison of SIFT, PCA-SIFT and SURF. International Journal of Image Processing, 2009, 3(4): 143-152.

[54] Rekik W, Bereziat D, Dubuisson S. Optical flow computation and visualization in spherical context. EMBS Annual International Conference, New York, 2006.

[55] McCarthy C, Barnes N, Srinivasan M. Real time biologically-inspired depth maps from spherical flow. IEEE International Conference on Robotics and Automation, Roma, 2007.

[56] Torii A, Imiya A , Sugaya H , et al. Optical flow computation for compound eyes: Variational analysis of omni-directional views. International Conference on Brain , 2005, 3704: 527-536.

[57] Desouza G, Kak A. Vision for mobile robot navigation. IEEE Transactions on Pattern Analysis and Machine Intelligence, 2002, 24(2): 237-267.

[58] 鲁道夫·布罗克豪斯 M. 飞行控制. 金长江,译. 北京:国防工业出版社,1999.

[59] Chahl J, Thakoor S, Bouffant N L, et al. Bioinspired engineering of exploration systems: A

horizon sensor/attitude reference system based on the dragonfly ocelli for mars exploration applications. Journal of Robotic Systems,2003,20(1):35-42.

[60] Nehorai A,Liu Z. Optimal design of a generalized compound eye particle detector array. Proceedings of SPIE - The International Society for Optical Engineering,London,2006.

[61] Lagae L,Maes H,Raiguel S,et al. Responses of macaque STS neurons to optic flow components:A comparison of areas MT and MST. Journal of Neurophysiology,1994,71(5):1597-1626.

[62] Elder D M,Grossberg S,Mingolla E. A neural model of visually guided steering,obstacle avoidance,and route selection. Journal of Experimental Psychology:Human Perception and Performance,2009,35(5):1501.

[63] Stowers J,Bainbridge-Smith A,Hayes M,et al. Optical flow for heading estimation of a quadrotor helicopter. International Journal of Micro Air Vehicles,2009,1(4):229-239.

[64] Verveld M J,Chu Q P,Wagter D C,et al. Optic flow based state estimation for an indoor micro air vehicle. AIAA Guidance, Navigation, and Control, Conference, Toronto, 2010:1-21.

[65] Green W E,Oh P Y,Barfows G. Flying insect inspired vision for autonomous aerial robot maneuvers in near-earth environments. International Conference on Robotics and Automation,New Orleans,2004:2347-2352.

[66] Julien S,Ruffier F,Franceschini N. Biomimetic visual navigation in acorridor:To centre or not to centre?. International Mediterranean Modeling Multi Conference,Marseille,2006:91-97.

[67] Conroy J,Gremillion G,Ranganathan B,et al. Implementation of wide-field integration of optic flow for autonomous quadrotor navigation. Autonomous Robots,2009,27(3):189-198.

[68] Neumann T R,Bülthoff H H. Behavior-oriented vision for biomimetic flight control. Proceedings of the EPSRC/BBSRC International Workshop on Biologically Inspired Robotics,Roma,2002.

[69] Griffiths S,Saunders J,Curtis A,et al. Obstacle and terrain avoidance for miniature aerial vehicles//Intelligent Systems, Control and Automation:Science and Engineering. Berlin:Springer,2007.

[70] Hrabar S,Sukhatme G S,Corke P,et al. Combined optic-flow and stereo-based navigation of urban canyons for UAV. IEEE International Conference on Intelligent Robots and Systems,Edmonton,2005.

[71] Muratet L,Doncieux S,Brière Y,et al. A contribution to vision-based autonomous helicopter flight in urban environments. Robotics and Autonomous Systems,2005,50(4):195-209.

第 2 章　光流场基本计算方法及图像预处理

2.1　引　　言

光流场是指图像中所有像素点构成的一种二维(2D)瞬时速度场,其中,二维速度矢量是景物中可见点的三维速度矢量在成像表面上的投影。

根据光流场的定义可知,光流不仅包含被观察物体的运动信息,还包含有关景物三维结构的丰富信息。对光流的研究成为计算机视觉及有关研究领域中的一个重要部分。因为在计算机视觉中,光流扮演着重要的角色,在目标对象分割、识别、跟踪、机器人导航以及形状信息恢复等方面都有着非常重要的应用,而光流场的计算方法则是光流应用的基础。光流场可分为稀疏光流场与稠密光流场两大类,这两种光流场在本质上并无区别。稀疏光流场是指从图像中选取某些点来计算光流场,而稠密光流场则是计算图像中的每一点的光流矢量。本章主要探讨基本的稀疏光流场计算方法。

2.2　光流计算基本原理及算法

2.2.1　光流场和运动场

当摄像机与物体间有相对运动时,物体在二维图像平面所形成一系列连续变化的图像信息称为光流(optical flow),具体表现为物体的图像亮度模式的表观运动,光流场是像素变化瞬时速度的矢量场。运动场是三维物体的真实运动在图像平面的投影,是物体上每个像素点的运动矢量集合。无特殊情况下,光流场和运动场是吻合的。图像中所有像素点在二维图像平面的瞬时速度集合构成光流场,其中,二维速度矢量是场景中物体上的可见点实际运动矢量在成像表面的投影。因此,可以根据光流场来估计物体运动信息和结构信息,进行运动图像分析。三维物体运动与图像运动的关系如图 2.1 所示,在 t 时刻,三维物体上的一点 $P(t)$ 以速度 v_p 运动到 $P(t+\Delta t)$,其在投影平面的像点从 $I(t)$ 运动到点 $I(t+\Delta t)$,速度为 v_i,根据图中几何对应关系,速度 v_p 和 v_i 可以表示为

$$v_p = \frac{\mathrm{d}r_p}{\mathrm{d}t}, \quad v_i = \frac{\mathrm{d}r_i}{\mathrm{d}t} \tag{2.1}$$

式(2.1)中,r_p 和 r_i 根据投影关系可以表示成

$$r_i = \frac{f}{z} r_p \qquad (2.2)$$

其中,f 为镜头焦距;z 为物体上点到光心的距离。图 2.1 和式(2.2)表示三维物体运动与图像平面投影之间的关系。当物体发生运动时,其在图像平面所对应的像点也运动,在图像中表现为像素点灰度模式的变化,因此在图像中可以形成光流。

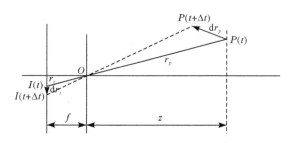

图 2.1　三维物体运动与图像平面投影之间的关系

2.2.2　光流约束方程

利用图像中光流信息来分析物体运动和结构信息的前提是光流的计算。根据光流的定义,运动像素点的灰度在瞬时运动过程中应该保持恒定,即光流计算应满足灰度不变的假设,从而可以推导出光流计算的基本等式。

设在时刻 t 时,像素在 (x,y) 处的灰度值为 $I(x,y,t)$;在 $t+\Delta t$ 时刻,该点运动到新的位置为 $(x+\Delta x, y+\Delta y)$,灰度值为 $I(x+\Delta x, y+\Delta y, t+\Delta t)$。根据灰度不变性假设,即图像沿着运动轨迹的亮度保持不变,满足条件 $\dfrac{\mathrm{d}I(x,y,t)}{\mathrm{d}t}=0$,则

$$I(x,y,t) = I(x+\Delta x, y+\Delta y, t+\Delta t) \qquad (2.3)$$

设 u 和 v 分别为该点的光流矢量沿 x 和 y 方向的两个分量,且 $u=\dfrac{\mathrm{d}x}{\mathrm{d}t}$, $v=\dfrac{\mathrm{d}y}{\mathrm{d}t}$,利用泰勒公式将式(2.3)的左边展开得到

$$I(x+\Delta x, y+\Delta y, t+\Delta t) = I(x,y,t) + \frac{\partial I}{\partial x}\Delta x + \frac{\partial I}{\partial y}\Delta y + \frac{\partial I}{\partial t}\Delta t + \varepsilon \qquad (2.4)$$

忽略二阶以上的高次项,则有

$$\frac{\partial I}{\partial x}\Delta x + \frac{\partial I}{\partial y}\Delta y + \frac{\partial I}{\partial t}\Delta t = 0 \qquad (2.5)$$

由于 $\Delta t \rightarrow 0$,于是有

$$\frac{\partial I}{\partial x}\frac{\partial x}{\partial t} + \frac{\partial I}{\partial y}\frac{\partial y}{\partial t} + \frac{\partial I}{\partial t}\Delta t = 0 \qquad (2.6)$$

$$I_x u + I_y v + I_t = 0 \tag{2.7}$$

式(2.7)就是著名的光流计算基本等式。设 I_x、I_y 和 I_t 分别为参考像素点的灰度值沿 x、y、t 这三个方向的偏导数,式(2.7)可以写成如下矢量形式:

$$\nabla I \cdot U + I_t = 0 \tag{2.8}$$

上述光流方程中,$\nabla I(I_x, I_y)$ 表示梯度方向,$U(u,v)^{\mathrm{T}}$ 表示光流。由于光流矢量 $U(u,v)^{\mathrm{T}}$ 有两个分量,因此,利用基本等式求解光流分量是一个不适定问题,需要加入另外的约束条件才能进行光流的求解,这也被称为光流计算的孔径问题。

2.2.3　光流场经典计算方法

为了寻求另外一个约束条件以求解光流场基本方程,光流场计算技术发展至今,已经有多种方法,本节主要介绍以下三种方法:Horn-Schunck(HS)算法、Lucas-Kanade(LK)算法和基于块匹配的光流计算方法。

1. Horn-Schunck 算法

Horn-Schunck 算法引入光流的整体平滑性约束来求解光流矢量,要求光流本身尽可能平滑,即在给定的邻域内 $\nabla^2 u + \nabla^2 v$ 应尽可能小,这是求条件极值时的约束条件,因此,Horn-Schunck 算法也称为基于梯度的方法。对 u 和 v 的附加约束条件为

$$\min\left\{\left[\frac{\partial u}{\partial x}\right]^2 + \left[\frac{\partial u}{\partial y}\right]^2 + \left[\frac{\partial v}{\partial x}\right]^2 + \left[\frac{\partial v}{\partial y}\right]^2\right\} \tag{2.9}$$

其中,$\nabla^2 u = \left[\frac{\partial u}{\partial x}\right]^2 + \left[\frac{\partial u}{\partial y}\right]^2$ 是 u 的拉普拉斯算子;$\nabla^2 v = \left[\frac{\partial v}{\partial x}\right]^2 + \left[\frac{\partial v}{\partial y}\right]^2$ 是 v 的拉普拉斯算子。综合式(2.7)和式(2.9),Horn-Schunck 算法将光流 u 和 v 的计算归结为如下变分问题:

$$\min\left\{\iint (I_x u + I_y v + I_t) + \alpha^2 \left[\left[\frac{\partial u}{\partial x}\right]^2 + \left[\frac{\partial u}{\partial y}\right]^2 + \left[\frac{\partial v}{\partial x}\right]^2 + \left[\frac{\partial v}{\partial y}\right]^2\right]\right\} \tag{2.10}$$

通过计算该变分问题相应的 Euler-Largrange 方程,并利用 Gauss-Seidel 迭代方法求解方程,图像上任一个像素点的第 $n+1$ 次迭代估计的光流矢量 (u^{n+1}, v^{n+1}) 为

$$\begin{cases} u^{n+1} = \bar{u}^n - \dfrac{\bar{I}_x \left[(\bar{I}_x \bar{u}^n + \bar{I}_y \bar{v}^n + I_t)\right]}{\alpha^2 + \bar{I}_x^2 + \bar{I}_y^2} \\[4mm] v^{n+1} = \bar{v}^n - \dfrac{\bar{I}_y \left[(\bar{I}_x \bar{u}^n + \bar{I}_y \bar{v}^n + I_t)\right]}{\alpha^2 + \bar{I}_x^2 + \bar{I}_y^2} \end{cases} \tag{2.11}$$

迭代过程和图像的尺寸与每次速度的改变量有关,得到稳定的解一般需要多

次迭代。由迭代公式可以发现，平坦区域（梯度为 0 或很小）的速度由迭代公式的第一项决定，需要从梯度较大的区域传递过来。为了加快迭代求解的收敛速度，可以采用金字塔算法来加快扩散，也可以通过增加扩散量来进行加速。

Horn-Schunck 算法易于实现，可以得到较精确的瞬时速度，但也存在严重的不足：

（1）整体平滑性约束会导致物体形状特点的信息丢失；

（2）在图像边缘处或者物体运动速度较大时，灰度一致性假设存在较大的误差；

（3）对 x、y 和 t 方向求微分，意味着对图像进行时间和空间上的预平滑来避免混叠，可能对光流场的计算结果产生影响。

2. Lucas-Kanade 算法

与 Horn-Schunck 算法不同，Lucas-Kanade 算法在引入光流基本方程约束条件时，假设在一个小的空间邻域 Ω 上运动，矢量保持恒定，然后使用加权最小二乘法估计光流。在一个小的空间邻域 Ω 上，能量函数可以定义为

$$E(u,v) = \sum_{\Omega} W(I_x u + I_y v + I_t)^2 \tag{2.12}$$

其中，W 表示窗口权重函数，它使邻域中心区域对约束产生的影响比外围区域更大。求解光流矢量 (u,v) 使能量函数最小，等价于将式（2.12）分别对 u、v 求取偏导数，使其等于零，即 $\dfrac{\partial E}{\partial u}=0$，$\dfrac{\partial E}{\partial v}=0$。写成矩阵形式为

$$\begin{bmatrix} \sum W * I_x^2 & \sum W * I_x I_y \\ \sum W * I_x I_y & \sum W * I_y^2 \end{bmatrix} \begin{bmatrix} u \\ v \end{bmatrix} = \begin{bmatrix} -I_x I_t \\ -I_y I_t \end{bmatrix} \tag{2.13}$$

由最小二乘原理可得到式（2.13）的解为

$$U = (A^{\mathrm{T}}WA)^{-1}A^{\mathrm{T}}Wb \tag{2.14}$$

其中，在 t 时刻的 n 个点 $X_i \in \Omega$；$A=[\nabla I(X_1),\cdots,\nabla I(X_n)]^{\mathrm{T}}$；$W=\mathrm{diag}[W(X_1),\cdots,W(X_n)]$；$b=-[I_t(X_1),\cdots,I_t(X_n)]^{\mathrm{T}}$。

Lucas-Kanade 算法在计算精度和速度相对于 Horn-Schunck 算法都有所改进，但它有一个明显不足：Lucas-Kanade 算法计算光流时认为计算邻域内各像素点的光流矢量是保持恒定的，计算的精度对窗口权重函数有一定的依赖性。因此，若计算邻域内存在不满足灰度平滑约束或运动连续性约束的点，会导致估计的光流可靠性降低。

3. 基于块匹配的光流方法

基于块匹配的光流方法是将图像划分成不相重叠的小区域，对于每一个块内

的运动使用一个简单的参数模型加以特征化。通过假设块内各像素点位移相同，在划定的搜索邻域内，根据一定的匹配准则找出匹配块，由匹配块与当前块的相对位置计算出运动位移，并除以帧间时间间隔，得到块匹配光流场。块匹配光流场的计算原理如图 2.2 所示。假设 t 时刻对应当前帧，t' 时刻对应参考帧，二者均被分成许多不重叠且大小为 $m \times n$ 的子块，搜索步长为 (u_m, v_m)。取当前帧图像内中心点坐标为 (x, y) 的小块，在参考帧图像中以 (x, y) 为中心进行块搜索，小块的起始坐标搜索范围为 $(x-u_m, y-v_m) \sim (x+u_m, y+v_m)$。按照设计的匹配准则计算搜索区域内所有小块与当前小块之间的相似程度，相似程度最高的块即为最佳匹配块。最佳匹配块中心点坐标与 (x, y) 的差即为此小块中所有像素点的运动矢量。

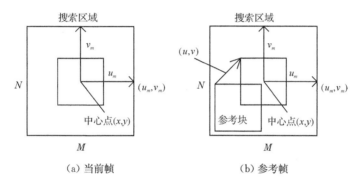

（a）当前帧　　　　　　　　（b）参考帧

图 2.2　基于块匹配的光流计算原理图

　　块匹配算法的关键是匹配准则、搜索策略以及窗口大小的选择。对于窗口的选择，在实际应用中，为计算方便，一般将图像划分为正方形小块，且边长为 2 的倍数，搜索步长根据图像间隔及运动实际情况估计所得。子块的大小会影响块匹配算法的精度，当块过大时，块内所有像素位移相等的假设将不再满足；当块划分过小时，块内信息量会减少，从而降低匹配计算的精度。一般块大小选为 16×16。

　　1）常用匹配准则

　　块匹配光流场算法中常用的匹配准则有平均绝对误差准则（MAD）、均方差准则（MSE）、归一化相关函数（NCCF）和绝对误差和准则（SAD），其各自的定义如下。

　　（1）平均绝对误差准则：

$$\text{MAD}(u,v) = \frac{1}{MN} \sum_{i=1}^{M} \sum_{j=1}^{N} |G_1(i,j) - G_0(i+u, j+v)| \qquad (2.15)$$

其中，(i,j) 为匹配块中像素点坐标；G_1 和 G_0 分别表示当前帧和参考帧图像像素点的灰度值；M 和 N 为匹配块的大小，块的运动矢量为使 MAD 最小时的 (u,v)。

(2) 均方差准则。块的运动矢量为使 MSE 最小时的 (u, v)：

$$\text{MSE}(u, v) = \frac{1}{MN} \sum_{i=1}^{M} \sum_{j=1}^{N} \left[G_1(i, j) - G_0(i+u, j+v) \right]^2 \tag{2.16}$$

(3) 归一化相关函数。块的运动矢量为使 NCCF 最大时的 (u, v)：

$$\text{NCCF}(u, v) = \frac{\sum\limits_{i=1}^{M} \sum\limits_{j=1}^{N} \left[G_1(i, j) - G_0(i+u, j+v) \right]}{\left[\sum\limits_{i=1}^{M} \sum\limits_{j=1}^{N} G_1^2(i, j) \right]^{1/2} \left[\sum\limits_{i=1}^{M} \sum\limits_{j=1}^{N} G_0^2(i+u, j+v) \right]^{1/2}} \tag{2.17}$$

(4) 绝对误差和准则。块的运动矢量为使 SAD 最小时的 (u, v)：

$$\text{SAD}(u, v) = \sum_{i=1}^{M} \sum_{j=1}^{N} \left| G_1(i, j) - G_0(i+u, j+v) \right| \tag{2.18}$$

2) 常用的块匹配搜索策略

如果对搜索范围内的所有位置与待匹配块进行匹配准则计算，会严重影响算法效率，因此，需要设计适当的块搜索策略来解决这个问题。以下介绍几种常用的搜索策略：

(1) 穷尽搜索法。

穷尽搜索法就是对搜索范围内的每个位置按照设计的匹配准则进行计算，找到与待匹配块最相似的块，获得块的运动矢量。该方法匹配精度高，但由于要计算搜索范围内所有的点，计算量太大。

(2) 三步法和新三步法。

如图 2.3 所示，三步法首先以窗口中心点作为搜索起点，计算中心点和周围步长为 4 的 8 个点（图中①所在位置）的匹配值，得到最佳匹配位置，之后以上一步的最佳匹配位置作为搜索起点，搜索步长减半，然后计算其周围 8 个点（图中②所在位置）的匹配值，并与第一步中得到的最佳匹配位置比较，得到第二步最佳匹配位置；最后比较这个点与周围步长为 1 的 8 个点（图中③的位置）的匹配值，得到最终的最佳匹配位置。最佳匹配块与当前块的位移即为块的运动矢量。

如图 2.4 所示，新三步法采用基于中心偏置的搜索模式，在三步法的第一步中，增加了与中心点步长为 1 的 8 个点的匹配值的比较。如果最佳匹配点位于步长为 1 的这 8 个点中，则比较该点与其周围步长 1 的点的匹配值，所得到的最佳匹配点与中心点的位移即为块的运动矢量。三步法和新三步法极大地减少所需计算的块的数量，提高了算法的速度，但三步法和新三步法所能达到的最大搜索步长为 7，不能实现大位移运动下的运动矢量检测。

(3) 四步法。

四步法的搜索过程如图 2.5 所示。四步法选用步长为 2 的大正方形模板和步长为 1 的小正方形模板，首先比较大正方形模板上点的匹配值，如果最佳匹配点

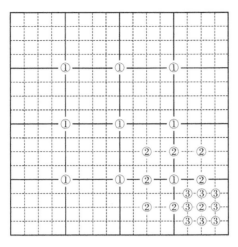

图 2.3　三步法的搜索过程

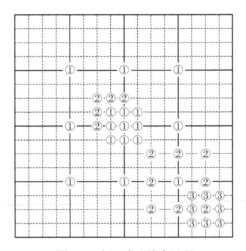

图 2.4　新三步法搜索过程

不位于大正方形模板的中心,则以最佳匹配点为中心,继续使用大正方形模板,如果最佳匹配点位于大正方形模板的中心,则比较以此点为中心的小正方形模板上点的匹配值,得到的最佳匹配点与原中心点的位移即为块的运动矢量。

（4）菱形搜索法。

菱形法与四步法的过程类似,不同的是采用最大步长分别为 2 和 1 的两种菱形模板,如图 2.6 所示。根据统计数据表明,最佳匹配点一般位于以搜索中心为圆心,半径为 2 个像素尺寸的圆内,所以菱形法拥有比四步法更快的运行速度。相比三步法和新三步法只能达到 7 的最大搜索步长,四步法和菱形法采用循环搜

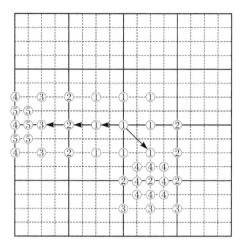

图 2.5　四步法的搜索过程

索方式,可以实现大位移运动的搜索。

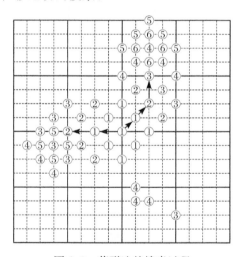

图 2.6　菱形法的搜索过程

2.3　图像预处理

　　图像容易受到损坏或噪声污染,影响原有的信息,图像预处理的目的就是消除图像中无用的信息,恢复有用的真实信息,增强相关信息的可检测性,从而增加特征抽取、图像分割、匹配和识别等后续图像处理的可靠性。

　　对于机载摄像机采集到的图像,由于飞行器的振动、光线的变化以及光学系统的失真抖动等因素,图像在获取、转换和传输过程中会产生噪声或发生畸变,质量会明显下降,因此有必要进行图像预处理。一般采用的图像预处理主要包括图像缩放、图像平滑滤波、图像畸变校正以及图像去雾增强。

2.3.1　图像缩放

在图像处理过程中,为了提高算法的实时性,需要减少图像的数据量,所以在图像预处理中需要对图像进行降采样,即对图像进行缩放。

设定 S_x 为图像 x 轴方向的缩放比率, S_y 为 y 轴方向的缩放比率,变换表达式为

$$\begin{bmatrix} x_1 & y_1 & 1 \end{bmatrix} = \begin{bmatrix} x_0 & y_0 & 1 \end{bmatrix} \begin{bmatrix} S_x & 0 & 0 \\ 0 & S_y & 0 \\ 0 & 0 & 1 \end{bmatrix} = \begin{bmatrix} x_0 & S_x & y_0 & S_y & 1 \end{bmatrix}$$

(2.19)

公式的逆运算如下:

$$\begin{bmatrix} x_0 & y_0 & 1 \end{bmatrix} = \begin{bmatrix} x_1 & y_1 & 1 \end{bmatrix} \begin{bmatrix} \dfrac{1}{S_x} & 0 & 0 \\ 0 & \dfrac{1}{S_y} & 0 \\ 0 & 0 & 1 \end{bmatrix} = \begin{bmatrix} \dfrac{x_1}{S_x} & \dfrac{y_1}{S_y} & 1 \end{bmatrix} \quad (2.20)$$

根据缩放公式计算得到的目标图像中,有些映射源坐标可能不是整数,导致找不到对应的像素位置,无法提取对应的灰度值,因此,需要基于整数坐标的灰度值去推断那些位置的灰度值,此过程称为灰度级插值。灰度级插值常用的方法有最近邻域插值、双线性插值和高阶插值。

1. 最近邻域插值

最近邻域插值首先利用前面的图像缩放公式求出映射坐标 (x_1, y_1),然后寻找与 (x_1, y_1) 最近的整数坐标 (x_1', y_1'),将 (x, y) 处的像素灰度值赋给像素点 (x_1, y_1),即完成最近邻域插值操作。虽然该方法实现上很简单,但是经常产生人为疵点,得到的图像不够平滑。

2. 双线性插值

双线性插值基于原图中两个像素之间灰度是线性变化这个假设,其输出的像素值为输入图像中距离它最近的 2×2 邻域内采样点像素灰度值的加权平均。双线性插值通过对像素邻域进行处理得到近似灰度值,而不像最近邻域插值那样只利用最近邻域的像素值,因此得到了更为平滑的灰度估计。

假设插值点位置的坐标为 (x,y)，灰度值为 $f(x,y)$，其邻域内 4 个相邻像素点的灰度值分别为 $f(0,0)$、$f(0,1)$、$f(1,0)$ 和 $f(1,1)$，则插值公式可以表示为

$$
\begin{aligned}
f(x,y) =& [f(1,0)-f(0,0)]x + [f(0,1)-f(0,0)]y \\
&+ [f(0,0)-f(0,1)-f(1,0)]xy + f(0,0)
\end{aligned} \tag{2.21}
$$

3. 三次样条插值

三次样条插值属于高阶插值，可由下列插值多项式表示：

$$
f(x) = A_3(x-x_k)^3 + A_2(x-x_k)^2 + A_1(x-x_k) + A_0, \quad x_k < x < x_{k+1} \tag{2.22}
$$

其中，$A_0 = y_k$，$A_1 = y'_k$；$A_2 = 1/\Delta x(3\Delta y/\Delta x - 2y'_k - y'_{k+1})$；$A_3 = 1/\Delta x^2(-2\Delta y/\Delta x + y'_k + y'_{k+1})$。

从式(2.22)中可以看出：插值需要经过复杂的数学运算，尤其是计算一个系数待定的矩阵方程，该算法的特点是精度高，其精度是最近邻域法精度的上百倍，但运算量巨大。

比较上述插值方法的优缺点，本书中采用双线性插值方法，这样能够得到相对较好的降采样图像，为后续处理提供更好的条件。

2.3.2　图像平滑滤波

图像在生成、传输和记录过程中，由于成像系统、传输介质、工作环境和记录设备会引入噪声而使图像质量下降。图像平滑滤波去噪效果的好坏将直接影响光流计算的准确度，主要包括空间域平滑滤波和频域低通滤波。

1. 空间域平滑滤波

空间域平滑滤波主要是在空间域中对图像像素灰度值直接进行运算处理，是一种基于邻域的操作，包括平滑线性空间滤波和平滑非线性空间滤波。

1) 平滑线性空间滤波

平滑线性空间滤波器采用滤波掩模确定的邻域内像素的平均灰度值来代替每个像素点的值，减少图像灰度的尖锐变化，去除图像中与滤波掩模尺寸相比较小的像素区域，去除噪声。假设处理前的图像为 $f(x,y)$，平滑处理后图像为 $g(x,y)$，则

$$
g(x,y) = \frac{1}{M}\sum_{(m,n)\in S} f(x,y) \tag{2.23}
$$

其中，S 是 (x,y) 邻域中点的坐标集合；M 是集合内坐标点的总数。

在邻域均值法中，如何选取邻域是比较重要的问题。一般 M 越大，平滑效果越明显。式(2.24)是一个典型的 3×3 的均值滤波器掩模：

$$H_1 = \frac{1}{9} \times \begin{bmatrix} 1 & 1 & 1 \\ 1 & 1 & 1 \\ 1 & 1 & 1 \end{bmatrix} \qquad (2.24)$$

由于图像边缘是由图像灰度尖锐变化带来的特性,均值滤波在去除噪声的同时,也会造成边缘和细节的模糊。改进方法是采用加权平均掩模,即掩模内系数的取值不完全相同。一般把中心点的权重加大,随着离中心点距离的增加减小系数值。对于图像 $f(x,y)$,采用 $(2a+1) \times (2b+1)$ 大小的模板进行加权均值滤波的通用公式为

$$g(x,y) = \frac{\sum\limits_{s=-a}^{a} \sum\limits_{t=-b}^{b} w(s,t) f(x+s, y+t)}{\sum\limits_{s=-a}^{a} \sum\limits_{t=-b}^{b} w(s,t)} \qquad (2.25)$$

其中,分子为模板系数与以 (x,y) 为中心的像素区域进行卷积,分母则是对加权系数进行归一化。两种较为常见的加权平均滤波模板为

$$H_2 = \frac{1}{16} \times \begin{bmatrix} 1 & 2 & 1 \\ 2 & 4 & 2 \\ 1 & 2 & 1 \end{bmatrix}, \quad H_3 = \frac{1}{12} \times \begin{bmatrix} 1 & 2 & 1 \\ 2 & 4 & 2 \\ 1 & 2 & 1 \end{bmatrix} \qquad (2.26)$$

2) 平滑非线性空间滤波

中值滤波器是一种非线性滤波器,采用一个滑动窗口,将窗口中各点灰度值的中值来替代指定点的灰度值。在处理过程中,先将窗口中各点像素灰度值按灰度值大小进行排序,如果窗口中有奇数个点,则取中间元素的数值,若有偶数个点,则取中间两个元素的平均值。常用的中值滤波窗口有如下几种:

$$\begin{bmatrix} 1 \\ 1 \\ 1 \end{bmatrix}, \quad \begin{bmatrix} 1 & 1 & 1 \end{bmatrix}, \quad \begin{bmatrix} 1 & 1 & 1 \\ 1 & 1 & 1 \\ 1 & 1 & 1 \end{bmatrix}, \quad \begin{bmatrix} 0 & 1 & 0 \\ 1 & 1 & 1 \\ 0 & 1 & 0 \end{bmatrix}$$

邻域空间范围和中值计算时涉及的像素个数是影响中值滤波去除噪声效果的关键因素。5×5 的模板比较常用,为了节省运算开销,将模板设置为稀疏分布的形式。下面是几种经实验证实效果比较好的稀疏 5×5 尺寸模板:

$$\begin{bmatrix} 1 & & & & \\ & 1 & & & \\ & & 1 & & \\ & & & 1 & \\ & & & & 1 \end{bmatrix}, \quad \begin{bmatrix} & & 1 & & \\ & 1 & 1 & 1 & \\ 1 & 1 & 1 & 1 & 1 \\ & 1 & 1 & 1 & \\ & & 1 & & \end{bmatrix}, \quad \begin{bmatrix} & & 1 & & 1 \\ 1 & & & & 1 \\ & & 1 & & \\ 1 & & & & 1 \\ & 1 & & 1 & \end{bmatrix}$$

$$\begin{bmatrix} & 1 & 1 & 1 & \\ 1 & & & & 1 \\ 1 & & 1 & & 1 \\ 1 & & & & 1 \\ & 1 & 1 & 1 & \end{bmatrix}, \begin{bmatrix} & & 1 & & \\ & & 1 & & \\ 1 & 1 & 1 & 1 & 1 \\ & & 1 & & \\ & & 1 & & \end{bmatrix}, \begin{bmatrix} 1 & 1 & & 1 & \\ 1 & & 1 & & 1 \\ & 1 & 1 & 1 & \\ 1 & & 1 & & 1 \\ & 1 & & 1 & 1 \end{bmatrix}$$

2. 频域低通滤波

由于图像中边缘或噪声等尖锐变化主要是对图像进行傅里叶变换后的高频成分,频域低通滤波就是通过衰减高频成分实现的,其平滑图像的原理框图如图 2.7 所示。图中 $F(u,v)$ 是带噪声的原始图像 $f(x,y)$ 的傅里叶变换,$H(u,v)$ 为低通滤波器的传递函数,经过滤波处理后 $G(u,v) = H(u,v) \cdot F(u,v)$,再进行傅里叶反变换可得到去除噪声后的平滑图像 $g(x,y)$。由于噪声频谱能量多集中在高频段,采用衰减高频信息的低通滤波器可以平滑噪声,但图像细节的谱能也趋向高频段,所以低通滤波同样也会给图像细节带来模糊。同时,由于傅里叶变换和逆变换的运算量较大,处理的时间相对较长,因此在实时图像处理系统中应用较少。

$$f(x,y) \longrightarrow \boxed{\text{傅里叶变换}} \xrightarrow{F(u,v)} \boxed{\text{滤波}} \xrightarrow{G(u,v)} \boxed{\text{傅里叶逆变换}} \xrightarrow{g(x,y)}$$

图 2.7　频低通域滤波原理图

图 2.8 是利用各种滤波模板进行图像平滑滤波后的结果。其中,平滑线性滤波和均值滤波都属于线性滤波器,在滤除噪声的同时会带来图像细节的模糊,频域低通滤波处理时间较慢。中值滤波是一种非线性滤波方法,与线性滤波相比,在一定条件下可以克服线性滤波器带来的图像细节模糊,在一定程度上可以滤除噪声,同时可保留图像中各种区域的边缘信息。机载摄像机拍摄到含有地平

（a）源图像

（b）3×3 均值模板平滑图像

(c) 3×3 中值模板平滑图像　　　　　　　　(d) 5×5 中值模板平滑后图像

图 2.8　不同滤波模板平滑图像

线特征的图像特点,正是地平线直线特征明显,其他直线噪声相比地平线干扰较小,适合采用中值滤波。并且从图 2.8 所示滤波结果可以看出,中值滤波在适度滤除干扰噪声的同时,能很好地保留地平线直线特征,滤波效果较好。综合上述,本书采用 5×5 中值模板对图像进行平滑,去除噪声点。

2.3.3　图像畸变校正

采集图像时,由于光学摄像机的物面与像面的不平行投影、镜头畸变和摄像机质量等因素的影响,图像会存在几何畸变。因此进行图像分析前,需要进行畸变校正。

对图像进行畸变校正时,最关键的是估计畸变模型。首先利用空间变换来估计其畸变模型,即通过在空间域里寻找畸变前后像素的空间映射关系估算模型,然后利用灰度插值计算出校正后图像像素点的灰度值,得到校正后的图像。

1. 空间变换

设畸变图像中任意一点 (x,y),经过空间变换后,与之相对应的校正图像中的点坐标为 (u,v),它们之间的关系可以表示为

$$\begin{cases} x = \sum_{i=0}^{n} \sum_{j=0}^{n-i} a_{ij} u^i v^j \\ y = \sum_{i=0}^{n} \sum_{j=0}^{n-i} b_{ij} u^i v^j \end{cases} \tag{2.27}$$

其中,a_{ij}、b_{ij} 为多项式的系数;n 为多项式的次数。

由式(2.27)可以看出,一旦确定多项式的各个系数,图像的畸变模型就可以表示出来。选定 L 个适当的控制点对,根据最小二乘法拟合曲线的原理,可以

得到

$$\sum_{l=1}^{L} \left(\sum_{i=0}^{n} \sum_{j=0}^{n-i} a_{ij} u_l^i v_l^j \right) u_l^s v_l^t = \sum_{l=1}^{L} x_l u_l^s v_l^t \tag{2.28}$$

$$\sum_{l=1}^{L} \left(\sum_{i=0}^{n} \sum_{j=0}^{n-i} b_{ij} u_l^i v_l^j \right) u_l^s v_l^t = \sum_{l=1}^{L} y_l u_l^s v_l^t \tag{2.29}$$

其中,$s=0,1,2,\cdots,n$;$t=0,1,2,\cdots,n-s$;$s+t\leqslant n$。

对于一个 n 阶多项式,其系数个数为 $M=(n+1)(n+2)/2$,因此,式(2.28)与式(2.29)都是由 M 个方程组成的线性方程组,每个方程组的未知数为 M 个,求解线性方程组,即可以得到系数 a_{ij}、b_{ij},从而实现两个坐标系之间的变换,得到空间变换的函数。在一定程度上,多项式的阶数越高,校正效果越好,但相应的运算量也会增加,此外,图像畸变越严重,校正所需要的多项式阶数也会越高。

2. 灰度级插值

本书采用双线性插值的灰度级插值方法,其插值效果比最近邻插值好,产生的图像不存在灰度不连续,同时运算量小于三次插值。经过灰度级插值后,可以输出校正图像中每一个像素点对应的灰度值。

3. 图像畸变校正的实现

图像畸变校正的实现过程如下:

(1) 设计用于拍摄的标准图像,然后拍摄标准图像和畸变图像;

(2) 利用角点检测得到标准图像与畸变图像上控制点的位置坐标;

(3) 用控制点的位置坐标进行函数拟合,求解多项式系数,得到标准图像与畸变图像间的坐标转换关系;

(4) 利用该转换关系对后续畸变图像进行灰度线性插值得到畸变校正后的图像。

图 2.9 是常见的标准图像,本书采用标准图像(f)。图 2.10 是利用模板(f)的测试图像及校正结果。

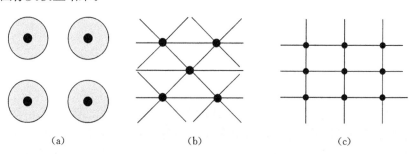

(a)   (b)   (c)

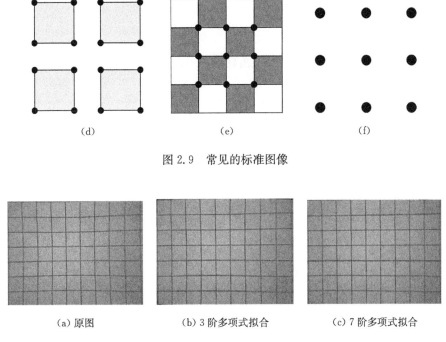

（d）　　　　　　　　　　（e）　　　　　　　　　　（f）

图 2.9　常见的标准图像

（a）原图　　　　　　（b）3 阶多项式拟合　　　　　　（c）7 阶多项式拟合

图 2.10　测试图像及校正结果

2.3.4　图像去雾增强

　　图像成像质量有时会受到外界天气的影响,如云雾干扰等。近年来,城市空气污染严重,雾霾等天气频繁发生,给飞行器完成任务带来一定的影响。所以需要对机载摄像机采集到的图像进行去雾增强预处理,使地平线提取更加准确,方便后续的图像处理。由于后续算法的需要,主要介绍单一图像的去雾增强。

　　目前,基于单一图像的去雾算法分类如下:

　　（1）基于多尺度 Retinex 图像增强技术,尺度取值较小时,暗区域的细节能得到较好的增强,但输出颜色易失真;尺度取值较大时,色感一致性较好,但普遍存在偏色现象。

　　（2）基于自适应的限制对比度直方图均衡算法（CALHE）,能有效抑制噪声。但是需要对图像中的每个像素计算其邻域直方图以及对应的变换函数,使算法极其耗时。

　　（3）基于暗原色先验去雾,该算法利用暗原色先验建立去雾模型,可以直接估算雾的浓度并且复原得到高质量的去除雾干扰图像,同时,因为在去雾过程中可以得到副产品暗原色图像,对于后续的边缘检测等处理有巨大的作用,所以本书采用基于暗原色先验去雾方法。

1. 雾图形成模型

去雾之前,需要对所研究的问题建立数学模型。式(2.30)即为雾图形成模型:

$$I(x) = J(x)t(x) + A(1-t(x)) \tag{2.30}$$

其中,I 是指有雾图像;J 是指无雾图像;A 是全球大气光成分;t 是指光线通过介质透射到摄像机过程中没有被散射的部分,称为透射率。去雾的目标是通过计算 A、t,从 I 中复原 J,$J(x)t(x)$ 是直接衰减项,$A(1-t(x))$ 是大气光成分。

2. 暗原色先验

暗原色先验表示为在绝大多数非天空的局部区域里,某一些像素总会有至少一个颜色通道具有很低的像素值,即该区域光强度的最小值是一个很小的数。用公式描述,对于一幅图像 J,有

$$J^{\text{dark}}(x) = \min_{c \in (r,g,b)} \left(\min_{y \in \Omega(x)} J^c(y) \right) \tag{2.31}$$

其中,J^c 是指图像的某一个颜色通道;$\Omega(x)$ 是以 x 为中心的方形区域。通过观察,除了天空方位,J^{dark} 的强度很低且趋近于 0,J^{dark} 称为 J 的暗原色图像。有的航拍视频彩色信息会损失,近似为灰度图,暗原色先验也同样适用于灰度图像,表达式为:

$$J^{\text{dark}}(x) = \min_{y \in \Omega(x)} J^c(y) \tag{2.32}$$

3. 暗原色先验去雾原理

由于附加了大气光,图像被雾干扰后要比其本身亮度更大,透射率 t 一般较小。所以被浓雾覆盖的图像的暗原色具有较高的强度值,从视觉上来看,暗原色强度值是雾浓度的粗略近似,假设大气光 A 是给定的,然后假定在一个局部区域里 $\Omega(x)$ 透射率恒定不变。用 $\tilde{t}(x)$ 表示该区域的透射率。对式(2.30)取最小运算,并同除以 A,可以得到

$$\min_{y \in \Omega(x)} \left(\frac{I^c(y)}{A^c} \right) = \tilde{t}(x) \min_{y \in \Omega(x)} \left(\frac{J^c(y)}{A^c} \right) + (1-\tilde{t}(x)) \tag{2.33}$$

在 3 个颜色通道求最小值,得到

$$\min_c \left(\min_{y \in \Omega(x)} \left(\frac{I^c(y)}{A^c} \right) \right) = \tilde{t}(x) \min_c \left(\min_{y \in \Omega(x)} \left(\frac{J^c(y)}{A^c} \right) \right) + (1-\tilde{t}(x)) \tag{2.34}$$

根据暗原色先验规律,无雾图像的暗原色项 J^{dark} 接近 0,得到

$$J^{\text{dark}}(x) = \min_c \left(\min_{y \in \Omega(x)} (J^c(y)) \right) = 0 \tag{2.35}$$

其中,A^c 为正数,得到

$$\min_c\left(\min_{y\in\Omega(x)}\left(\frac{J^c(y)}{A^c}\right)\right)=0 \tag{2.36}$$

把式(2.36)代入式(2.34),得到透射率为

$$\widetilde{t}(x)=1-\min_c\left(\min_{y\in\Omega(x)}\left(\frac{J^c(y)}{A^c}\right)\right) \tag{2.37}$$

如果彻底移除雾的存在,图像看起来会不真实。所以在式(2.37)中引入常数 w $(0<w\leqslant1)$,保留图像中一部分雾,得到

$$\widetilde{t}(x)=1-w\min_c\left(\min_{y\in\Omega(x)}\left(\frac{J^c(y)}{A^c}\right)\right) \tag{2.38}$$

为了提高透射率精度,应用软抠图算法来完善透射率分布函数,通过求解式(2.39)所示的稀疏线性方程得到完善后的透射率函数为 $t(x)$:

$$(L+\lambda U)t=\lambda\widetilde{t} \tag{2.39}$$

其中,大气光 A 的估计方法为:遍历暗原色图像,得到的最大像素值即为 A。

得到完善后的透射函数 $t(x)$ 以及 A 后,即可以得到去雾后的图像 $J(x)$ 为

$$J(x)=\frac{I(x)-A}{\max(t(x),t_0)}+A \tag{2.40}$$

4. 算法的效果

图 2.11 是基于暗原色先验原理的去雾效果图以及对应的直方图。从图中直观地看出利用暗原色先验原理去雾可以得到很好的效果,直方图显示图像的对比度增强,去除了一些雾的干扰。根据统计,图像去雾过程每帧图像的处理时间大约为 600ms,一般采用 DSP 进行硬件实现。由于暗原色先验是一种统计规律,对某些极为特殊的图像可能会效果不佳。当景物在本质上同空气层接近并且没有阴影覆盖时,暗原色理论可能会失效。

　　　(a) 有雾图像　　　　　　　　　　　(b) 去雾图像

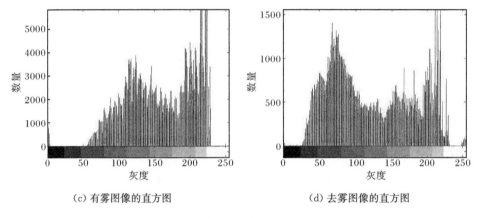

　　　　（c）有雾图像的直方图　　　　　　　　　（d）去雾图像的直方图

图 2.11　利用暗原色先验原理去雾

2.4　本 章 小 结

　　本章主要阐述了常见的图像预处理方法,主要包括图像缩放、图像平滑滤波、图像畸变校正、图像去雾增强等。图像的缩放是计算光流场时的常用方法,在计算稀疏光流场时,可使用图像缩放来建立图像金字塔,加快稀疏光流场的计算;在计算稠密光流场时,其是有效降低计算量的方法。平滑滤波可有效降低光流场计算过程中的误匹配问题,从而显著提高光流场的计算准确度。光流场的一个主要目的是建立一套从二维图像到三维场景的映射,而畸变校正则是建立准确映射的前提。去雾更是一种能够有效提高光流场计算准确率的方法,其提高了图像中像素点与周围像素的色彩差异,提高光流场的计算准确率。经过良好预处理的图像能够大大提高光流场计算的准确性与精度。

第3章 稀疏直线匹配光流场计算方法及其应用

3.1 引 言

稀疏光流是一种基于特征方法的光流提取技术,与全局光流提取方法相比,其具有对噪声不敏感、运算速度快等优势,因此获得了广泛关注。目前,关于稀疏光流的提取方法主要是基于角点匹配的方法,由于在图像间提取角点并在图像序列中进行角点匹配比较困难,由角点匹配获得的稀疏光流场在表征边缘等特征时并不方便。而直线的提取和匹配比像素点更准确,且直线的抽象层次更高,因此,研究人员就开展了基于直线匹配的光流场计算。

直线匹配稀疏光流场是在角点匹配稀疏光流场基础上提出的一种图像稀疏光流场,它是指相邻两帧图像中共线点的光流矢量的集合。与角点匹配稀疏光流场不同的是,直线匹配稀疏光流场首先需要提取两帧图像中相匹配的直线,并通过计算直线上每个点的运动矢量,而获得稀疏直线光流。由于图像中直线包含重要的边缘信息,因此,直线匹配稀疏光流场特别适合描述图像中边缘的变化。陈震[1]提出一种线流场的概念,将图像中的直线映射到 Hough 空间中,并计算其在 Hough 空间中对应点的运动矢量,以此作为直线运动的度量,但该方法不能直接获得图像中直线的光流场,仅能获得直线在 Hough 空间内映射点的线流场,因此在实际使用中受到一定限制。

基于以上情况,本章提出一种基于直线匹配的稀疏光流场计算方法,首先使用卡尔曼滤波方法,对直线参数进行快速序列图像帧间直线的匹配检验,再依据摄像机模型和光流恒等式推导出稀疏直线光流场。然后,针对稀疏直线光流场在姿态估计技术和飞行器着陆控制技术中的实际应用进行研究,通过研究无人机图像序列中两类典型的直线特征——地平线、跑道线的提取,提出一套适合微小型飞行器的姿态信息估计方法,该方法可用于无法安装 MEMS 陀螺的微小型飞行器进行姿态信息获取场景中,也可以通过与传统导航手段进行融合,辅助飞行器进行导航控制。这种方法通过计算视场中典型直线特征(如地平线、跑道线等)附近的稀疏光流,从而降低了算法的计算量。经过理论推导与仿真分析,该方法可以有效对飞行器俯仰角速度、滚转角速度和偏航角速度等姿态信息进行估计,并在飞行器角速度较低的情况下具有较高的精度。

3.2　基于参数-卡尔曼滤波的序列
图像间快速直线匹配方法

匹配直线光流场的基础是序列图像间的直线匹配,因此首先研究直线的匹配问题。不失一般性,在此作如下假设:

(1) 序列图像中始终存在直线特征且可被检测;

(2) 序列图像中各帧直线的运动连续,且仅发生尺度-旋转-仿射变换。

将图像中的任一条直线 l 的直线方程写成式(3.1)的法线形式:

$$x\cos\theta + y\sin\theta = \rho \tag{3.1}$$

其中,ρ 为原点到直线 l 的距离;θ 为直线 l 与 x 轴正向的夹角。则式(3.1)就可把直线映射为参数平面 ρ-θ 上的一点,称该参数平面为 Hough 空间。这种直线到 Hough 空间内点的对偶关系,意味着可以将连续图像序列中的直线匹配问题转化为一个 Hough 空间中的特征点跟踪问题。

可以使用卡尔曼滤波器来解决这个跟踪问题。卡尔曼滤波建立在线性代数和隐马尔可夫模型(hidden Markov model,HMM)上,其基本动态系统可以用一个马尔可夫链表示,该马尔可夫链建立在一个被高斯噪声(即正态分布的噪声)干扰的线性算子上。系统的状态可以用一个元素为实数的向量表示。随着离散时间的增加,这个线性算子就会作用在当前状态上,产生一个新的状态,并会带入一些噪声,同时,系统一些已知控制器的控制信息也会被加入;另一个受噪声干扰的线性算子产生出这些隐含状态的可见输出。

建立模型,设特征点 P 在 Hough 空间内的运动可以用由三次多项式直线来描述,即

$$X = \begin{bmatrix} \rho & \dot{\rho} & \ddot{\rho} \\ \theta & \dot{\theta} & \ddot{\theta} \end{bmatrix} \tag{3.2}$$

状态方程可以写为

$$X_{i+1} = HX_i + n_i \tag{3.3}$$

其中

$$H = \begin{bmatrix} I_2 & I_2 & \dfrac{\Delta t^2 I_2}{2} \\ 0_2 & I_2 & \Delta t I_2 \\ 0_2 & 0_2 & I_2 \end{bmatrix}, \quad I_2 = \begin{bmatrix} 1 & 0 \\ 0 & 1 \end{bmatrix}, \quad 0_2 = \begin{bmatrix} 0 & 0 \\ 0 & 0 \end{bmatrix}$$

Δt 为两帧图像间的时间间隔,n_i 描述点 P 在 ρ 方向和 θ 方向上的运动噪声,设 n_i 服从高斯分布,均值为 0,协方差矩阵为 Q。在 Hough 空间内观测该点的坐标,观测方程可以表示为

$$Z_i = FX_i + \eta_i \tag{3.4}$$

其中

$$F = \begin{bmatrix} 1 & 0 & 0 & 0 & 0 & 0 \\ 0 & 1 & 0 & 0 & 0 & 0 \end{bmatrix}$$

η_i 是二维高斯白噪声, 均值为 0, 协方差矩阵为 Λ。

采用标准卡尔曼滤波算法设计跟踪器, 卡尔曼滤波算法流程如下。

第一步, 搜索整个 Hough 空间, 预测运动目标特征点的状态向量:

$$X_{i|i-1} = HX_{i-1} \tag{3.5}$$

第二步, 计算特征点状态向量协方差矩阵 P_i 的预测和卡尔曼增益矩阵 K_i:

$$P_{i|i-1} = HP_{i-1}H^{\mathrm{T}} + Q \tag{3.6}$$

$$K_i = P_{i|i-1}F^{\mathrm{T}}(FP_{i|i-1}F^{\mathrm{T}} + \Lambda)^{-1} \tag{3.7}$$

第三步, 根据点 P 的观测值更新, 更新运动目标特征点轨迹的状态向量:

$$X_i = X_{i|i-1} + K_i(Z_i - HX_{i|i-1}) \tag{3.8}$$

第四步, 更新状态向量协方差矩阵 P_i:

$$P_i = (I - K_iH)P_{i|i-1} \tag{3.9}$$

第五步, 返回第一步。

由于在标准卡尔曼滤波中, 假定系统动态噪声 n_i 和 η_i 均为高斯白噪声, 而实际噪声并非服从高斯分布, 上述五个步骤中卡尔曼滤波只能跟踪到粗略的位置。以该位置为中心, 划定一个 $M \times N$ 邻域, 在邻域内即可搜索到与之匹配的直线位置。

为了检测参数-卡尔曼滤波直线匹配算法的效能, 设计一组测试图像序列, 共 12 帧, 如图 3.1 所示, 每张图片上由三条两两相交的直线组成, 图像之间进行尺度旋转变换。

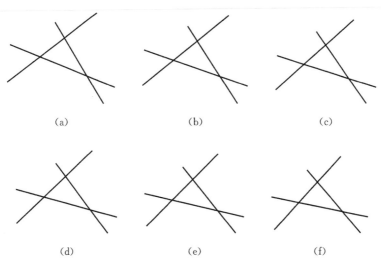

(a)　　　　　　　　(b)　　　　　　　　(c)

(d)　　　　　　　　(e)　　　　　　　　(f)

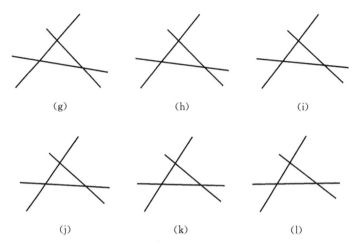

图 3.1　参数-卡尔曼滤波直线匹配算法测试图像序列

使用 Hough 变换检测图 3.1 中各图像中的直线参数,映射在 Hough 空间中,形成如图 3.2 所示的轨迹,据此,可以将直线匹配问题转化成一个 Hough 空间中点的跟踪问题。

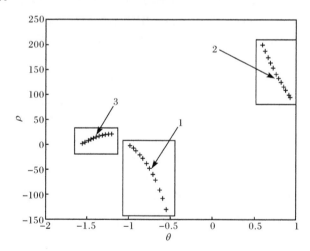

图 3.2　序列图像中的直线在 Hough 空间中形成的轨迹

根据卡尔曼滤波原理,设计直线匹配算法流程图如图 3.3 所示。以直线 1 为例,使用第一帧直线参数作为卡尔曼滤波器的初始输入,Hough 参数 θ 和 ρ 的估计曲线和误差曲线分别如图 3.4 和图 3.5 所示。

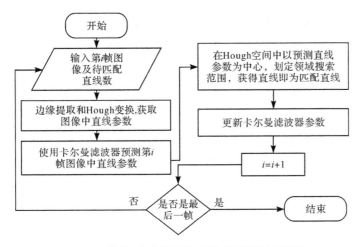

图 3.3　参数-卡尔曼滤波直线匹配算法流程图

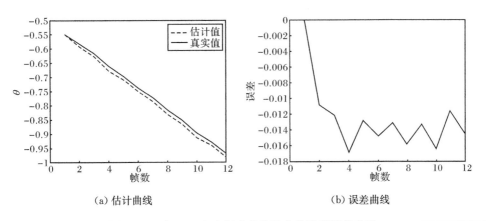

（a）估计曲线　　　　　　　　　　　　（b）误差曲线

图 3.4　θ 在 Hough 空间中的估计曲线及其误差曲线

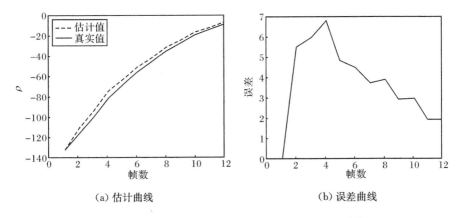

（a）估计曲线　　　　　　　　　　　　（b）误差曲线

图 3.5　ρ 在 Hough 空间中的估计曲线及其误差曲线

在 Hough 空间中序列图像对应的直线参数及其估计参数如图 3.6 所示。

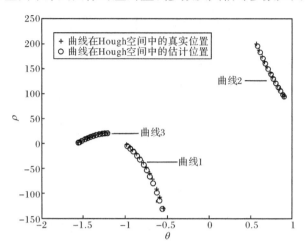

图 3.6　序列图像中各条直线在 Hough 空间中的实际位置和估计位置

对全部 12 帧图像进行计算得到的直线参数估计值如表 3.1 所示。

表 3.1　序列图像中各条直线在 Hough 空间中的实际位置和估计位置参数表

| 帧数 | 曲线 1 | | | | 曲线 2 | | | | 曲线 3 | | | |
| | 实测值 | | 估计值 | | 实测值 | | 估计值 | | 实测值 | | 估计值 | |
	θ	ρ	θ	ρ	θ	ρ	θ	ρ	θ	ρ	θ	ρ
a	−0.5	−130.1	−0.5	−130.1	0.92	94.6	0.92	94.6	−1.2	21.1	−1.2	21.1
b	−0.5	−107.9	−0.5	−113.4	0.90	99.06	0.91	97.9	−1.2	20.6	−1.2	20.7
c	−0.6	−90.9	−0.6	−96.9	0.87	108.8	0.88	105.9	−1.2	19.8	−1.2	20.0
d	−0.67	−71.3	−0.6	−78.2	0.84	115.6	0.85	113.0	−1.3	18.5	−1.3	18.9
e	−0.7	−60.0	−0.6	−64.9	0.81	124.8	0.82	121.6	−1.3	16.8	−1.3	17.3
f	−0.7	−48.0	−0.7	−52.5	0.78	133.1	0.79	130.0	−1.3	14.9	−1.3	15.5
g	−0.7	−38.5	−0.7	−42.2	0.75	141.6	0.76	138.5	−1.4	12.7	−1.4	13.5
h	−0.8	−27.8	−0.8	−31.6	0.71	153.7	0.73	149.6	−1.4	10.4	−1.4	11.3
i	−0.8	−20.8	−0.8	−23.7	0.68	164.1	0.70	160.2	−1.4	8.00	−1.4	8.88
j	−0.9	−12.5	−0.8	−15.5	0.66	174.5	0.67	170.7	−1.5	4.49	−1.5	5.67
k	−0.9	−8.3	−0.9	−10.2	0.62	187.8	0.63	183.2	−1.5	1.62	−1.5	2.70
l	−0.9	−2.9	−0.9	−4.91	0.59	200.2	0.60	195.6	−17.0	1.51	−1.5	1.83

取搜索邻域大小为 0.1×20,在估计值邻域内搜索匹配点即为匹配直线,最终匹配结果如图 3.7 所示。

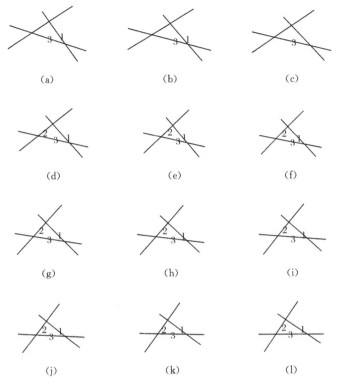

图 3.7　直线序列的匹配结果

3.3　稀疏直线光流场计算方法及其仿真算例

3.3.1　稀疏直线光流场计算方法

所谓稀疏直线光流场,就是在角点稀疏光流场基础上提出的一种图像稀疏光流场,它是指相邻两帧图像中共线点的光流矢量集合,如图 3.8 所示。与角点稀疏光流场不同的是,稀疏直线光流场是通过提取两帧图像中相匹配的直线,并通过计算直线上每一个点的运动矢量而获得的。图像中的边缘信息常用直线描述,所以稀疏直线光流场特别适合描述图像中边缘的变化。

稀疏直线光流场的计算方法如下。

设摄像机几何模型为透视模型,建立 $OXYZ$ 空间坐标系,Oxy 为图像坐标系,O 为投影中心,光轴与 Z 轴重合,图像坐标系原点设在 OXY 坐标系 $(0,0,f)$ 处,其中 f 为焦距,x 轴和 y 轴分别与 X 轴和 Y 轴平行,如图 3.9 所示。

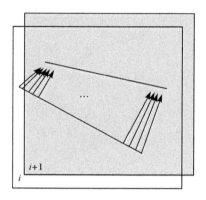

图 3.8　稀疏直线光流场定义

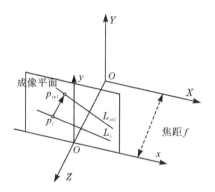

图 3.9　摄像机透视投影模型

在成像平面上,L_{i+1} 和 L_i 是空间一条直线在成像平面的连续两帧投影,p 是空间一点 P 在成像平面上的投影,其中 p_{i+1} 是直线 L_i 上一点 p_i 在直线 L_{i+1} 上的对应点。不失一般性,设 $f=1$,对于该摄像机模型有

$$\begin{cases} x = \dfrac{X}{Z} \\ y = \dfrac{Y}{Z} \end{cases} \tag{3.10}$$

对空间一点 $P=(X,Y,Z)^{\mathrm{T}}$,其在成像平面投影 $p=(x,y)^{\mathrm{T}}$,点 P 在空间的运动满足如下运动方程:

$$P(t+\Delta t) = R(t+\Delta t)P(t+\Delta t) - T(t+\Delta t) \tag{3.11}$$

其中,矩阵 R 和矩阵 T 分别描述点 P 的旋转运动和平移运动;Δt 为两帧图像间的时间间隔,当 Δt 很小时,可对式(3.11)作如下近似:

$$\begin{cases} T(t+\Delta t) \approx \Delta t v \\ R(t+\Delta t) \approx \mathrm{e}^{\Delta t \omega_z} \approx I - \Delta t \omega_z \end{cases} \tag{3.12}$$

其中, $\nu=(\nu_1,\nu_2,\nu_3)^{\mathrm{T}}$, $\omega_z=(\omega_1,\omega_2,\omega_3)^{\mathrm{T}}$, 分别表征 P 点的平移速度和绕光轴的旋转角速度, 代入式(3.11), 可得

$$P(t+\Delta t)\approx(I-\Delta t\omega_z)P(t)+\nu\Delta t \tag{3.13}$$

经整理, 即可得

$$\begin{bmatrix}X(t+\Delta t)\\Y(t+\Delta t)\\Z(t+\Delta t)\end{bmatrix}=\begin{bmatrix}X(t)\\Y(t)\\Z(t)\end{bmatrix}-\Delta t\omega_z\begin{bmatrix}X(t)\\Y(t)\\Z(t)\end{bmatrix}+\Delta t\upsilon \tag{3.14}$$

展开式(3.14)得

$$Z(t+\Delta t)=Z(t)+\omega_1\Delta tY(t)-\omega_2\Delta tX(t)+\nu_3\Delta t \tag{3.15}$$

当且仅当满足

$$Z(t+\Delta t)\approx Z(t) \tag{3.16}$$

时, 对式(3.14)两边同除 $Z(t)$:

$$\begin{bmatrix}x(t+\Delta t)\\y(t+\Delta t)\\1\end{bmatrix}\approx\begin{bmatrix}x(t)\\y(t)\\1\end{bmatrix}-\Delta t\omega_z\begin{bmatrix}x(t)\\y(t)\\1\end{bmatrix}+\Delta t\upsilon \tag{3.17}$$

经整理, 即可得

$$\frac{p(t+\Delta t)-p(t)}{\Delta t}\approx w(x,y,t) \tag{3.18}$$

等号右侧的 $w(x,y,t)$ 表示图像上点 p 在 t 时刻的二维运动速度, 即时变图像的光流, 左侧为点 p 在图像上的位移场。

由于式(3.16)是式(3.18)成立的前提, 为使式(3.16)成立, 在式(3.15)两边同除 $Z(t)$, 有

$$\frac{Z(t+\Delta t)}{Z(t)}=1+\frac{\omega_1\Delta tY(t)-\omega_2\Delta tX(t)+\nu_3\Delta t}{Z(t)} \tag{3.19}$$

显然当满足式(3.20)时:

$$\begin{cases}\omega_1X\Delta t\gg Z\\\omega_2Y\Delta t\gg Z\\t_1\Delta t\gg Z\end{cases} \tag{3.20}$$

式(3.16)成立, 至此建立了图像光流场与图像上点位移场之间的关系。

在图像坐标系下, 设直线 L_i 和 L_{i+1} 的直线方程分别为

$$\begin{cases}y=k_ix+b_i\\y=k_{i+1}x+b_{i+1}\end{cases} \tag{3.21}$$

点 p_i 和点 p_{i+1} 的坐标分别为 (x_i,y_i) 和 (x_{i+1},y_{i+1})。

点 p_i 处图像灰度满足光流恒等式:

$$I_xu+I_yv+I_t=0 \tag{3.22}$$

对于连续的第 i 帧和第 $i+1$ 帧图像,由式(3.15)可得点 p_i 处的稀疏光流场为

$$\begin{cases} u \approx \dfrac{x_{i+1} - x_i}{\Delta t} \\ v \approx \dfrac{y_{i+1} - y_i}{\Delta t} \end{cases} \qquad (3.23)$$

联立式(3.21)~式(3.23),可得

$$\begin{cases} I_x x_{i+1} + I_y y_{i+1} + \Delta t I_t - I_x x_i - I_y y_i = 0 \\ y_{i+1} = k_{i+1} x_{i+1} + b_{i+1} \end{cases} \qquad (3.24)$$

其中,I_x、I_y、I_t 分别是图像上 (x_i, y_i) 点处的灰度值在 x、y、t 三个方向上的差分值,除 (x_{i+1}, y_{i+1}) 坐标外,其余均为已知。求解式(3.24)并代入式(3.23)即可求得点 (x_i, y_i) 处的光流矢量为

$$w(x_i, y_i, t) = \begin{bmatrix} u \\ v \end{bmatrix} = \begin{bmatrix} \left(\dfrac{-I_y b_{i+1} - \Delta t I_t + I_x x_i + I_y y_i}{I_x + k_{i+1} I_y} - x_i \right) \Big/ \Delta t \\ \left(k_{i+1} \dfrac{-I_y b_{i+1} - \Delta t I_t + I_x x_i + I_y y_i}{I_x + k_{i+1} I_y} + b_{i+1} - y_i \right) \Big/ \Delta t \end{bmatrix}$$

$$(3.25)$$

遍历直线 L_i 上的点,即可计算出对应的稀疏直线光流场。

3.3.2　稀疏直线光流场仿真算例

在进行了直线匹配操作之后,对匹配完成的直线对,按照 3.3.1 节所述算法进行计算,可以得到直线附近区域的光流场。

使用连续两帧测试图像对稀疏直线光流场的计算进行仿真,测试图像如图 3.10 所示,大小为 416×240,黑白图像。两帧图像帧间为 0.04s,首先使用 Hough 变换对两幅图像进行直线提取,如图 3.11 所示。

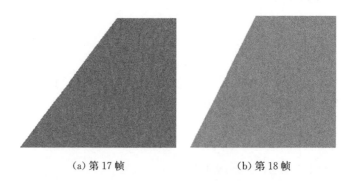

(a) 第 17 帧　　　　　　　　　(b) 第 18 帧

图 3.10　连续两帧测试图像

(a) 第 17 帧　　　　　　　　　　　(b) 第 18 帧

图 3.11　测试图像 Hough 变换提取直线的结果

对第 17 和 18 帧图像使用提取算法计算稀疏直线光流场,式(3.25)中 I_x、I_y、I_t 的计算采用如下差分格式:

$$\begin{cases} I_x = \dfrac{1}{4\delta x}\big[(I_{i+1,j,t} + I_{i+1,j+1,t} + I_{i+1,j,t+1} + I_{i+1,j+1,t+1}) \\ \qquad - (I_{i,j,t} + I_{i,j,t+1} + I_{i,j+1,t} + I_{i,j+1,t+1})\big] \\ I_y = \dfrac{1}{4\delta y}\big[(I_{i,j+1,t} + I_{i,j+1,t+1} + I_{i+1,j+1,t} + I_{i+1,j+1,t+1}) \\ \qquad - (I_{i,j,t} + I_{i,j,t+1} + I_{i+1,j,t} + I_{i+1,j,t+1})\big] \\ I_t = \dfrac{1}{4\delta t}\big[(I_{i,j,t+1} + I_{i,j+1,t+1} + I_{i+1,j,t+1} + I_{i+1,j+1,t+1}) \\ \qquad - (I_{i,j,t} + I_{i+1,j,t} + I_{i,j+1,t} + I_{i+1,j+1,t})\big] \end{cases} \quad (3.26)$$

在配备 Intel i7 CPU 的计算机上,使用 MATLAB2012 平台进行数值仿真,计算出的直线光流场如图 3.12 所示,耗时 0.2236s。由于没有该图像的标准光流场对比,使用 HS 算法在同样平台上计算第 17 帧和第 18 帧全局光流场,耗时 3.7044s,如图 3.13 所示。

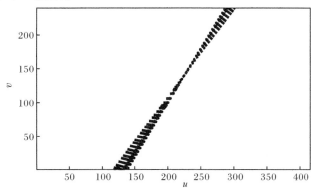

图 3.12　稀疏直线光流场提取算法获得的稀疏光流场

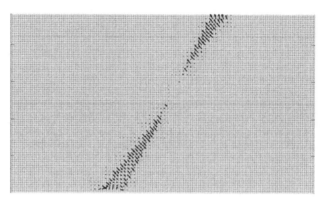

图 3.13　采用 HS 算法计算的全局光流场

由上述仿真结果可以看出,稀疏直线光流场与 HS 算法一样,都可以精确描述图像中边缘附近的运动情况。由于没有该序列图像的标准光流场,使用光流场误差测量算法,将该算法相对 HS 算法的误差进行测量,从而评估该算法。使用本算法计算出的稀疏直线光流场与 HS 算法计算出的全局光流场相比,取其边缘附近对应点的光流值,并按照式(3.27)计算各个点的角误差:

$$\psi_e = \arccos(w_H, w_{slof}) \tag{3.27}$$

其中,w_H 为 HS 算法计算的光流矢量;w_{slof} 为本算法计算的光流矢量。

再计算该算法光流场相对 HS 算法光流场的相对平均角误差(RAAE)和相对标准差(RSTD),如表 3.2 所示。

表 3.2　本算法相对于 HS 算法获取的光流场误差

算法	RAAE	RSTD
本算法相对于 HS 算法获取的光流场误差	4.7339°	2.8752°

从上述仿真结果来看,使用稀疏直线提取算法获取的光流场在图像边缘附近的精度与 HS 算法较为接近,平均误差为 $4.7339° \pm 2.8752°$,因此,可以替代后者对图像中直线特征的边缘区域进行光流分析。

在另一组测试里,选择一组航拍图像,图像中主要的直线特征是地平线和跑道边线,大小为 240×240,如图 3.14 所示。

对图像进行跑道线和地平线提取,边缘提取结果如图 3.15 所示。图 3.16 是使用稀疏直线匹配算法获得的匹配结果。

同样使用式(3.25)的差分格式计算 I_x、I_y、I_t,第 17 帧和第 18 帧图像的稀疏光流场计算结果如图 3.17(a)所示,耗时 0.1331s,与之对应的是图 3.17(b)使用 HS 算法计算得到的光流场,耗时 2.2907s。

(a) 第 17 帧　　　　　　　　　　　(b) 第 18 帧

图 3.14　测试图像序列

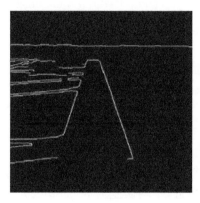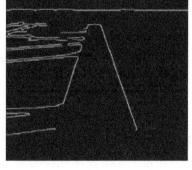

(a) 第 17 帧　　　　　　　　　　　(b) 第 18 帧

图 3.15　测试图像直线边缘提取结果

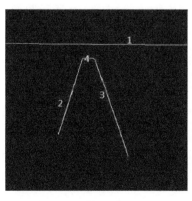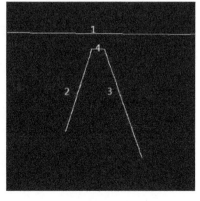

(a) 第 17 帧　　　　　　　　　　　(b) 第 18 帧

图 3.16　测试图像直线特征匹配结果

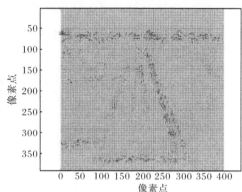

(a) 利用式(3.25)获得稀疏直线光流场   (b) 使用 HS 算法计算的全局光流场

图 3.17　两种算法获得的光流比较

同样,对比两种算法的计算角误差,如表 3.3 所示。

表 3.3　本算法相对于 HS 算法获取的光流场误差

算法	RAAE	RSTD
本算法相对于 HS 算法获取的光流场误差	$5.8342°$	$9.0275°$

根据本组仿真可以看出,使用稀疏直线光流场提取算法获取的光流场在图像边缘附近的精度与 HS 算法获得的较为接近,平均误差为 $5.8342°±9.0275°$,因此,可以替代后者对图像中直线特征的边缘区域进行光流分析;同时,可以看出,本方法的时间开销要远远小于 HS 算法,耗时不到后者的 10%,因此,本算法更适合飞行器视觉导航等对实时性要求较高的场合。

稀疏直线光流场的另一个优点是对噪声不敏感,对图 3.10 所示图像序列,对其添加均值为 0、方差为 0.01 的高斯白噪声,得到测试图像序列如图 3.18 所示,其直线提取结果如图 3.19 所示。

(a) 第 17 帧   (b) 第 18 帧

图 3.18　连续两帧加高斯白噪声的测试图像

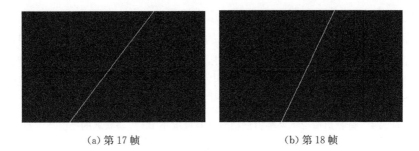

（a）第 17 帧　　　　　　　　　　　（b）第 18 帧

图 3.19　加噪图像测试图像 Hough 变换提取直线的结果

对图 3.19 的图像序列使用 HS 算法计算其光流场,如图 3.20 所示。

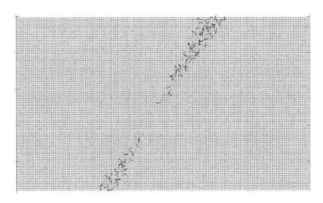

图 3.20　采用 HS 算法计算的加噪图像全局光流场

与之对比,计算图像序列的稀疏直线光流场,如图 3.21 所示。

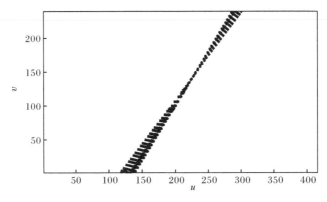

图 3.21　加噪图像序列的稀疏直线光流场

由图 3.20 和图 3.21 可以看出,使用 HS 算法计算有噪图像的光流场得到的边缘比较模糊,不能清晰地描述直线的运动趋势;反观基于直线匹配的稀疏直线光流场,该算法的抗噪能力取决于 Hough 变换本身的抗噪性能。由于 Hough 变换是利用图像局部度量来计算直线参数的,因此对于因噪声干扰或遮盖引起的边界间断情况,具有很好的容错性和鲁棒性。表 3.4 显示了有噪情况下两种算法相对无噪情况下 HS 算法的误差,结果表明本章所述方法相比于传统 HS 算法,具有很强的抗噪声能力。

表 3.4　有噪声情况下两种算法相对无噪情况下 HS 算法获取的光流场误差

算法	RAAE	RSTD
有噪情况下本算法相对无噪情况下 HS 算法	5.83°	9.02°
有噪情况下 HS 算法相对无噪情况下 HS 算法	31.31°	34.23°

3.4　稀疏直线光流场飞行器姿态估计技术

微小型飞行器并不是常规飞行器的简单缩小,由于受到体积和载荷重量等方面的限制,其在结构设计、气动设计、动力系统和导航控制方法等方面与传统飞行器存在较多不同,尺寸的微小型化对飞行器姿态估计系统的设计提出了挑战,传统的高精度、低漂移的陀螺由于体积和重量的原因并不适合微小型飞行器,而基于 MEMS 的微陀螺和微加速度计等器件受现有精度、稳定性、温漂等因素制约,使用时会产生较大的积累误差。由于上述传统器件的局限性,需要探索一种新的微小型飞行器姿态信息估计方法,以对传统方法进行补充。

早期飞机并没有复杂的传感系统,飞行员对飞机姿态的获取,直接来源于视野中地平线位置的变化。由于任务使命的关系,微小型飞行器通常携带摄像设备进行侦察和航拍作业,在侦察相机的视场中,地平线是自然界中最为明显的标志,因此,借助地平线位置来测量飞行器姿态就成为一种可行的思路。

目前,关于地平线的各种提取方法已经相当成熟,可以分为基于边缘特征的地平线提取、基于区域统计特征的地平线提取和基于机器学习的地平线提取。在使用地平线信息进行姿态角计算方面,开展了大量的研究工作。Chiu 等[2]通过地平线与图像水平线夹角进行飞行器滚转角估计,Cornall 等[3]使用分割后天地各自的质心位置来估算滚转角,并使用天地分割线两侧面积的变化来估计飞行器的俯仰角,但天地线两侧面积比例会由于滚转角的变化而发生较大变动,因此,会对俯仰角的估计带来不小的估计误差。Grzywna 等[4]具体指出了这一点问题,并提出上述方法甚至可能会造成严重的飞行事故。程序等[5]使用了摄像机模型对俯仰角和滚转角的计算进行了理论推导,提出了一种基于直线模型的俯仰角和滚转角的计算方法,但不足之处在于,该方法需要预先对所使用摄像机进行标定获取其内参数矩阵,从其仿真结果来看该方法测量精度并不高。Dusha 等[6]针对上述局限提出了一种基于光流的滚转角速度和俯仰角速度提取方法,但该方法需要计算图像全局光流场,全局光流场的计算量较大,因此该方法在实时应用方面存在问题。Shabayek 等[7]总结了基于视觉的飞行器姿态估计方法,指出基于光流的估计方法可以实现俯仰、滚转和偏航 3 个通道姿态信息的估计。

综合来看,上述方法存在如下两个问题:

(1) 只能计算飞行器的俯仰角和滚转角,对飞行器俯仰角速度、滚转角速度和偏航角速度等重要姿态参数无法直接测量,需要通过差分运算进行估计,在实际使用中存在一定的局限性;

(2) 依赖于图像全局光流场的计算,无法满足系统实时性的要求。

本章在匹配直线稀疏光流场的基础上,通过研究无人机图像序列中两类典型的直线特征——地平线、跑道线的提取,提出一套适合微小型飞行器的姿态信息估计方法。该方法不依赖图像全局光流场,仅使用图像中特征直线附近的局部光流即可完成对角速度信息的估计,可用于无法安装 MEMS 陀螺的微小型飞行器的姿态信息获取,也可与传统导航手段进行融合,辅助飞行器进行导航控制。

3.4.1　摄像机的透视投影模型

假定三维场景中有一个刚性物体,其上一点 M 从时刻 t_k 的位置 (x_k, y_k, z_k) 经过旋转和平移,运动到时刻 t_{k+1} 的位置 $(x_{k+1}, y_{k+1}, z_{k+1})$。设旋转矩阵和平移向量分别是 R_k 和 T_k,则三维刚体运动模型重新表示为

$$\begin{bmatrix} x_{k+1} \\ y_{k+1} \\ z_{k+1} \end{bmatrix} = \begin{bmatrix} r_{xx} & r_{xy} & r_{xz} \\ r_{yx} & r_{yy} & r_{yz} \\ r_{zx} & r_{zy} & r_{zz} \end{bmatrix} \begin{bmatrix} x_k \\ y_k \\ z_k \end{bmatrix} + \begin{bmatrix} t_x \\ t_y \\ t_z \end{bmatrix} = R_k \begin{bmatrix} x_k \\ y_k \\ z_k \end{bmatrix} + T_k \tag{3.28}$$

用欧拉角的形式表示上述旋转矩阵,并假定旋转角较小,则旋转矩阵可以表示为

$$R_k = \begin{bmatrix} 1 & -\varphi & \psi \\ \varphi & 1 & -\theta \\ -\psi & \theta & 1 \end{bmatrix} \tag{3.29}$$

其中,θ、ψ、φ 分别表示绕 x、y、z 轴逆时针旋转小角位移。

设空间点 (x, y, z) 在图像平面上的投影为 (x', y')。如果成像模型为透视投影,则

$$\begin{cases} x' = F \dfrac{x}{z} \\ y' = F \dfrac{y}{z} \end{cases} \tag{3.30}$$

根据式(3.28),有

$$x'_{k+1} = F \frac{x_{k+1}}{z_{k+1}} = F \frac{r_{xx} x_k + r_{xy} y_k + r_{xz} z_k + t_x}{r_{zx} x_k + r_{zy} y_k + r_{zz} z_k + t_z}$$

$$y'_{k+1} = F \frac{y_{k+1}}{z_{k+1}} = F \frac{r_{yx} x_k + r_{yy} y_k + r_{yz} z_k + t_y}{r_{zx} x_k + r_{zy} y_k + r_{zz} z_k + t_z} \tag{3.31}$$

由于成像系统的焦距是一个常数,因此,不失一般性,取 $F=1$,即规范化透视投影。式(3.31)右边分子分母同除以 z_k,得到图像平面坐标表示式:

$$\begin{cases} x'_{k+1} = \dfrac{r_{xx} x'_k + r_{xy} y'_k + r_{xz} + t_x/z_k}{r_{zx} x'_k + r_{zy} y'_k + r_{zz} + t_z/z_k} \\ y'_{k+1} = \dfrac{r_{yx} x'_k + r_{yy} y'_k + r_{yz} + t_y/z_k}{r_{zx} x'_k + r_{zy} y'_k + r_{zz} + t_z/z_k} \end{cases} \tag{3.32}$$

按照图像平面坐标,透视投影模型式(3.32)是一个非线性方程。因为每一点对应的深度值 z 是一个自由参数,因此,这个模型适合于任意表面形状三维物体的运动估计。

3.4.2　基于稀疏直线光流场的飞行器姿态估计方法

建立地平线的投影关系模型,如图 3.22 所示,建立大地坐标系 $O_w X_w Y_w Z_w$,机体坐标系 $OXYZ$,图像坐标系 Oxy,大地坐标系是以地平线上一点 O_w 为原点建立的右手系,取竖直向上方向为 Y_w 轴,地平线方向为 X_w 轴;摄像机与机体头部固连,以摄像机光心 O 为原点建立右手系 $OXYZ$,其中,Z 轴与光轴重合,取竖直向下方向为 Y 轴。在焦平面建立图像坐标系 Oxy,以图像中心为原点 O,x 轴和 y 轴分别与 $OXYZ$ 坐标系的 X 轴和 Y 轴平行。

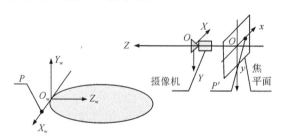

图 3.22　地平线投影模型

在地平线上任取一点 $P(X,Y,Z)$,设其在焦平面上的对应点为 $p'(x,y,z)$,以坐标系 $OXYZ$ 为惯性参考系,点 $P(X,Y,Z)$ 的运动方程可描述为

$$\begin{bmatrix} \dot{X} \\ \dot{Y} \\ \dot{Z} \end{bmatrix} = \begin{bmatrix} \eta_x \\ \eta_y \\ \eta_z \end{bmatrix} + \begin{bmatrix} \omega_x \\ \omega_y \\ \omega_z \end{bmatrix} \times \begin{bmatrix} X \\ Y \\ Z \end{bmatrix} \tag{3.33}$$

其中，η_x、η_y、η_z 是点 P 的平移运动参数；ω_x、ω_y、ω_z 是飞行器滚转角速度，分别表征俯仰角速度、偏航角速度和滚转角速度，可以得到

$$\begin{bmatrix} \dot{X} \\ \dot{Y} \\ \dot{Z} \end{bmatrix} = \frac{\mathrm{d}}{\mathrm{d}t} \begin{bmatrix} X \\ Y \\ Z \end{bmatrix} = \frac{\mathrm{d}}{\mathrm{d}t} \left[Z \begin{bmatrix} x \\ y \\ 1 \end{bmatrix} \right] = Z' \begin{bmatrix} x \\ y \\ 1 \end{bmatrix} + Z \begin{bmatrix} \dfrac{\mathrm{d}x}{\mathrm{d}t} \\ \dfrac{\mathrm{d}y}{\mathrm{d}t} \\ 0 \end{bmatrix} \tag{3.34}$$

由光流场定义

$$\begin{cases} \dfrac{\mathrm{d}x}{\mathrm{d}t} \approx u \\ \dfrac{\mathrm{d}y}{\mathrm{d}t} \approx v \end{cases} \tag{3.35}$$

将式(3.34)代入式(3.33)，有

$$Z' \begin{bmatrix} x \\ y \\ 1 \end{bmatrix} + Z \begin{bmatrix} u \\ v \\ 0 \end{bmatrix} = \begin{bmatrix} \eta_x \\ \eta_y \\ \eta_z \end{bmatrix} + \begin{bmatrix} \omega_x \\ \omega_y \\ \omega_z \end{bmatrix} \times \begin{bmatrix} X \\ Y \\ Z \end{bmatrix} \tag{3.36}$$

整理式(3.36)得

$$\begin{bmatrix} u \\ v \\ 0 \end{bmatrix} = \begin{bmatrix} \omega_x \\ \omega_y \\ \omega_z \end{bmatrix} \times \begin{bmatrix} x \\ y \\ 1 \end{bmatrix} + \frac{1}{Z} \begin{bmatrix} \eta_x \\ \eta_y \\ \eta_z \end{bmatrix} - \frac{Z'}{Z} \begin{bmatrix} x \\ y \\ 1 \end{bmatrix} \tag{3.37}$$

消去 Z' 得到

$$\begin{cases} u = \dfrac{\eta_x - x\eta_z}{Z} - xy\omega_x + (1+x^2)\omega_y - y\omega_z \\ v = \dfrac{\eta_y - x\eta_z}{Z} - (1+y^2)\omega_x + xy\omega_y + x\omega_z \end{cases} \tag{3.38}$$

由此，可建立光流场与图像运动之间的关系。

　　因为点 P 在地平线上，而地平线和观察点之间的距离可近似为无穷远，因此可以近似看做 $Z \to \infty$，因此消去式(3.38)中含 Z 的项，即可得到

$$\begin{cases} u = -xy\omega_x + (1+x^2)\omega_y - y\omega_z \\ v = -(1+y^2)\omega_x + xy\omega_y + x\omega_z \end{cases} \tag{3.39}$$

式(3.39)是一个关于 ω_x、ω_y、ω_z 的线性方程组，只要获取地平线上不少于 3 个点的光流矢量值，即可解算出飞行器的 3 个角速度。

　　特别指出，本书虽然以地平线作为研究对象说明基于直线稀疏光流场的飞行器姿态测量方法，但本方法并不局限于地平线存在的情况，只要无人机视场中存在典型直线特征（如机场跑道、道路、楼宇等），本方法同样适用。

3.4.3　基于暗原色通道的地平线提取方法

稀疏直线光流场是指相邻两帧图像中共线点的光流矢量的集合。在无人机航拍图像中,地平线很可能成为视野中唯一的直线,因此特别适合使用直线稀疏光流场对其运动进行分析,那么首先需要进行地平线的提取。

主流的地平线提取方法大致分为基于区域特征的提取算法和基于边缘特征的提取算法两类。在基于区域特征提取方面,Ettinger 和 Nechyba[8] 提出根据地平线两侧图像具有不同的色彩性质来检测地平线,该算法效果较好,但要求图像必须为彩色图像,Cornall 等[3] 采用区域分割的方法检测地平线,王宇杰[9] 利用小波变换对图像纹理信息进行分析探测地平线,上述基于区域特征的方法利用天空图像的“均一性”特征,对多数情况可以取得较好的结果,但计算量较大,难以满足实时性要求。在基于边缘特征方面,Dusha 等[10] 利用各单色通道图像边缘具有相关性,从而减少边缘点,最后利用 Hough 变换来检测边缘,上述两种方法在天地线是图像中显著边缘的情况下可以取得较好效果,而在图像含有地平线以外的显著边缘时,或图像含噪、有雾时,这些方法会受到较大干扰。

在具有地平线的无人机图像中,地面场景复杂多变,天空的光照强度随成像条件的不同,差别较大,为研究方便做如下假设:

(1) 在低空拍摄时,地平线始终存在且是一条直线;

(2) 地平线两侧的地面与天空两个区域之间是一个阶跃型边缘;

(3) 由于拍摄在室外进行,因此暗原色是存在的。

暗原色先验是对户外无雾图像库的统计得出的规律:在绝大多数非天空的局部区域里,某一些像素总会有至少一个颜色通道具有很低的值。换言之,该区域光强度的最小值是个很小的数,即对一幅图像 J,定义

$$J_{\text{dark}}(x) = \min_{c \in (r,g,b)} (\min_{y \in \Omega(x)} J_c(y)) \tag{3.40}$$

J_c 代表图像的某一个颜色通道,而 $\Omega(x)$ 是以 x 为中心的一块方形区域。观察得出,除天空方位外,J_{dark} 的强度总是很低并且趋近于 0。如果 J 是户外的无雾图像,则 J_{dark} 称为 J 的暗原色通道,并且把以上观察得出的经验性规律称为暗原色先验,暗原色先验也同样适用于灰度图像,表达式为

$$J_{\text{dark}}(x) = \min_{y \in \Omega(x)} J_c(y) \tag{3.41}$$

在图像有雾或图像中存在大量水体等强反射区域时,采用传统方法提取地平线往往会受到较大干扰,此时,提取源图像的暗原色通道并据此进行边缘提取成为一种可行的选择。对一张航拍图像进行仿真,如图 3.23 所示,图 3.23(a)是航拍获取的一幅含雾的地平线图像,可以看出由于雾气和水体反射导致地平线特征模糊;图 3.23(b)是采用传统方法对该图像进行边缘提取的结果,可以看出地平线

并未完整提取出,且地面存在大量干扰边缘,图 3.23(c)是图 3.23(a)的暗原色通道,对图 3.23(c)使用 Sobel 算子进行边缘提取,得到图 3.23(d),对比图 3.23(b)可以看出暗原色通道中的地平线边缘被完整提取出来,并且成为图像中最长的完整直线,而地面背景中的大部分干扰得到抑制。

获得暗原色通道并进行边缘提取后,使用旋转法对形如图 3.23(d)所示的图像进行处理,从而搜索地平线位置。将该图像绕其中心顺时针旋转,设旋转角为 α,计算旋转 α 后图像每列灰度值之和为 $p(\alpha, n)$,其中 n 为列数,定义

$$p(\alpha, n_{\max}) = \max\{p(\alpha, 1), \cdots, p(\alpha, n)\} \tag{3.42}$$

(a) 源图像

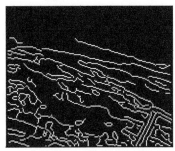

(b) 源图像边缘提取结果

(c) 源图像的暗影通道

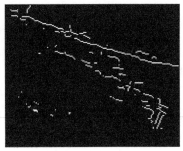

(d) 对暗影通道边缘提取结果

图 3.23　基于暗原色通道的边缘提取

将 π 均分为 n 等份,令图像旋转角度的步长为 π/n,使旋转角 α 按照步长 π/n 遍历 $[0, \pi)$ 区间,定义

$$p(\alpha_{\max}, n_{\max}) = \max\{p(0, n_{\max}), p(\pi/n, n_{\max}), p(2\pi/n, n_{\max}), \cdots, p(\pi, n_{\max})\} \tag{3.43}$$

其中,$\alpha_{\max}$、$n_{\max}$ 为当 $p(\alpha_{\max}, n_{\max})$ 取得最大值时,图像的旋转角度和最大灰度和所在列。这样就获得图像中最长的边缘位置,并可据此提取地平线的位置。

定义原始图像坐标系 Oxy 和旋转后的图像坐标系 $O_r x_r y_r$,如图 3.24 所示,α

为图像绕中心旋转的角度，(x_0,y_0) 为图像中心在图像坐标系 Oxy 下的坐标，(x,y) 是地平线上任意一个像素点的坐标；设图像中心在旋转后的坐标系 $O_r x_r y_r$ 下的坐标为 (x_{r0},y_{r0})，像素点 (x,y) 在坐标系 $O_r x_r y_r$ 下的坐标为 (x_r,y_r)，由于图像是绕 (x_0,y_0) 旋转，有

$$\begin{cases} x_0 = x_{r0} \\ y_0 = y_{r0} \end{cases}$$

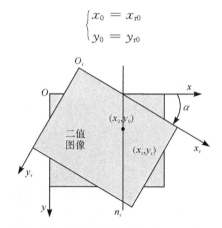

图 3.24　图像旋转前后的坐标系示意图

经过坐标系的平移和旋转，可以得到两个坐标系的变换关系为

$$\begin{bmatrix} x_r \\ y_r \end{bmatrix} = \begin{bmatrix} \cos\alpha & \sin\alpha \\ -\sin\alpha & \cos\alpha \end{bmatrix} \begin{bmatrix} x - x_0 \\ y - y_0 \end{bmatrix} + \begin{bmatrix} x_{r0} \\ y_{r0} \end{bmatrix} \tag{3.44}$$

基于前面的假设，地平线上任意一点在坐标系 $O_r x_r y_r$ 下的横坐标均为 n_r，即 $x_r = n_r$，代入式 (3.44) 可以得到

$$n_r = x\cos\alpha + y\sin\alpha - x_0\cos\alpha - y_0\sin\alpha + x_{r0} \tag{3.45}$$

由于 (x,y) 是地平线上任意一个像素点，则式 (3.45) 即为地平线的直线方程，写成 $y = kx + b$ 的形式，则可得

$$\begin{cases} k = -\cot\alpha \\ b = -\left(x_0\cot\alpha + y_0 + \dfrac{n_r - x_{r0}}{\sin\alpha} \right) \end{cases} \tag{3.46}$$

其中，$\alpha \in \left(0,\dfrac{\pi}{2}\right) \cup \left(\dfrac{\pi}{2},\pi\right)$，特别地，当 $\alpha = \pi/2$ 时，地平线的直线方程为 $y = y_0 - x_{r0} + n_r$；当 $\alpha = 0$ 时，地平线的直线方程为 $x = x_0 - x_{r0} + n_r$。

对图 3.23(a) 所示航拍图像提取暗原色图像，如图 3.23(c) 所示，并使用 Sobel 算子进行边缘检测后，得到图 3.23(d)。按照 (图 3.24 中所示算法)，将图 3.23(d) 进行旋转并求列向和，遍历 $[0,\pi)$ 区间，步长设为 $1°$，当旋转 $61°$ 时可取得 $p(\alpha_{\max}, n_{\max})$，如图 3.25(a) 所示，此时列向灰度和如图 3.25(b) 所示。依据式 (3.46) 可计算出地平线方程，地平线提取结果如图 3.26 所示。

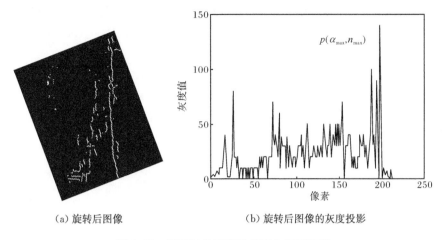

(a) 旋转后图像　　　　　　　　　(b) 旋转后图像的灰度投影

图 3.25　旋转后的图像及其列向灰度和图

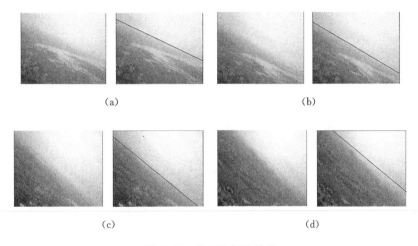

(a)　　　　　　　　　　　　　　(b)

(c)　　　　　　　　　　　　　　(d)

图 3.26　地平线提取结果

(a)～(d)中左图为源图像,右图为地平线提取效果

通过上述仿真结果可以发现,该算法由于是对暗原色图像进行处理,因此基本没有受到云雾的干扰,还避免了地面水体的反射干扰。算法中旋转图像并计算灰度和的直线检测方法,避免了图像中的干扰边缘对真实地平线提取的影响。

3.4.4　基于地平线直线稀疏光流场的姿态估计算例

为了验证直线稀疏光流场的姿态提取算法,使用无人机搭载摄像机进行航拍实验,同时利用机载导航设备记录姿态信息。机载导航设备使用 ADIS16405 陀螺测量飞行器的角速度信息,其动态响应范围为 $\pm 300°/s$,采样率为 100Hz,三轴陀螺仪的角速度测量误差为 $\pm 0.05^\circ$，加速度计量程为 $\pm 18g$，测量误差为 $\pm 9 \times 10^{-3} g$。航拍摄像机采用 1/3in(1in＝2.54cm)CCD 摄像机，视场角为 30°，摄像机有效像素为 1024×768。

对航拍图像序列离线计算其直线稀疏光流场，估计飞行器的姿态信息，并与机载导航设备获取的姿态信息进行比较，验证算法的可行性。

首先对航拍图像进行地平线提取，提取算法采用 Sobel 边缘提取复合旋转投影算法提取地平线。部分帧地平线提取结果如图 3.27 所示。

(a) 第 36 帧　　　　　　　　　　　　　　(b) 第 37 帧

图 3.27　第 36 帧和第 37 帧地平线提取结果

依据直线稀疏光流场提取算法，可得两帧之间的直线光流场如图 3.28 所示，用时 0.3287s。

图 3.28　提取的直线稀疏光流场

为了对比，同时使用 HS 算法计算两帧图像间的全局光流场，耗时 4.713s，光流场如图 3.29 所示。

由上述仿真结果可以看出，使用直线稀疏光流场提取算法获取的图像地平线

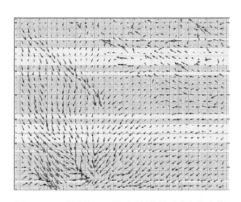

图 3.29 使用 HS 算法计算的全局光流场

光流相较于使用 HS 算法计算得到的全局光流,更不易受到诸如地面水体反射、空中云雾等噪声的影响,因此可以更准确地估计出图像中直线部分的光流信息,同时相比 HS 算法具有更快的计算速度。

获取图像的直线稀疏光流场后,利用式(3.34)即可完成飞行器俯仰角速度、滚转角速度和偏航角速度的解算。对 100 帧航拍图像使用上述方法进行计算,并对比机载导航系统角速度陀螺结果,如图 3.30~图 3.32 所示。

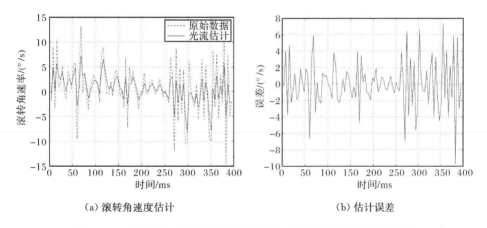

(a) 滚转角速度估计　　　　　　　　(b) 估计误差

图 3.30 使用稀疏光流场进行的滚转角速度估计及其估计误差曲线

结合图 3.30~图 3.32 可看出,使用稀疏光流场可以用来估计俯仰、偏航、滚转三通道的飞行器角速度信息,其最大估计误差除滚转通道小于±10°/s 外,其余两通道最大估计误差均小于±5°/s。可发现,直线稀疏光流场估计姿态角的精度与该通道的角速度正相关,在角速度比较小的情况下,使用稀疏光流场可以获得较高的估计精度,而当飞行器角速度增大时,估计误差随即增大。

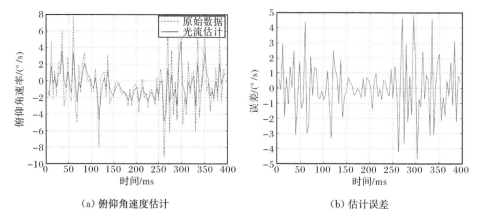

（a）俯仰角速度估计　　　　　　　　　（b）估计误差

图 3.31　使用稀疏光流场进行的俯仰角速度估计及其估计误差曲线

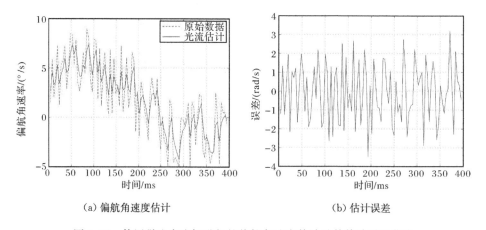

（a）偏航角速度估计　　　　　　　　　（b）估计误差

图 3.32　使用稀疏光流场进行的偏航角速度估计及其估计误差曲线

　　造成这种估计误差较大的一个因素是图像信息的采样率要低于角速度陀螺的采样率,本飞行实验采用的陀螺采样率达到 100Hz,而使用航拍图像的图像帧率只有 25 帧/s,由于数据的采样率不足,从而带来了一定的估计误差;另一个因素是本书中只使用了地平线一条直线计算其附近的稀疏光流场,具有一定的估计误差,理论上在进行合理的直线匹配之后,本算法可以获取视场中多条典型直线附近的稀疏光流场,利用多条直线的稀疏光流场进行姿态角估计将提高本算法的估计精度。

3.4.5　基于灰度投影的跑道线提取方法

　　机场跑道线是无人机着陆控制阶段的重要直线特征之一,传统上,有两种提取机场跑道线的方法,基于多源图像和地理信息(GIS)的方法以及基于平行关系检测和 Hough 变换的方法。但上述算法多数是基于卫星图像和航拍图像设计，很少考虑到无人机的实际视场。多数情况下，在无人机着陆阶段的视场(field of view,FOV)中，跑道区域通常呈梯形分布，使其很难满足平行关系约束。可以基于灰度投影进行跑道线的检测，首先通过模板匹配提取跑道区域作为兴趣区(region of interest,ROI)，计算图像灰度在各个方向上的投影，并使用 K-means 聚类提取跑道边线所在的各个直线。仿真显示，本算法相对 Hough 变换，可以减少 50% 的时间消耗。

当飞行器进近时，跑道区域可以被看做一个由四条边线组成的四边形，对跑道区域的提取遵循以下步骤:①确定兴趣区;②提取边缘;③计算在图像坐标系下的直线方程。

兴趣区的提取主要是为了规避跑道提取时复杂的全局计算，使用模板匹配的方法来提取图像中的跑道兴趣区。定义模板图像为 $T(x_t,y_t)$，原始图像为 $S(x,y)$，令模板图像 T 遍历原始图像 S，并在每一点计算归一化互相关值(normalized cross correlation,NCC)作为置信度，如式(3.47)所示:

$$R_{\mathrm{NCC}}(x,y)=\frac{\sum\limits_{x_t,y_t}(T(x_t,y_t)\times S(x+x_t,y+y_t))}{\sqrt{\sum\limits_{x_t,y_t}T(x_t,y_t)^2\sum\limits_{x_t,y_t}S(x+x_t,y+y_t)^2}} \quad (3.47)$$

其中，R_{NCC} 给出模板图像和原始图像之间的匹配程度。

对 ROI 内的图像，使用 Sobel 算子进行边缘提取，如式(3.48)和式(3.49)所示:

$$G_x=\begin{bmatrix}1&0&-1\\2&0&-2\\1&0&-1\end{bmatrix}*S,\quad G_y=\begin{bmatrix}1&2&-1\\0&0&0\\-1&-2&-1\end{bmatrix}*S \quad (3.48)$$

$$G=\sqrt{G_x^2+G_y^2},\quad \theta=\arctan\left(\frac{G_x}{G_y}\right) \quad (3.49)$$

其中，S 是源图像;G_x 和 G_y 是图像在水平和垂直两个方向上的梯度分量;G 是图像的梯度幅值;θ 是梯度方向。设定检测阈值 T，当满足 $G>T$ 时，即可认为是边缘区域。

灰度投影是一种常用的灰度图像处理方法，通过计算灰度图像轴向和列向的灰度和获取图像灰度分布的信息，从而将一个二维矩阵转化为两条特征向量。

对 $i\times j$ 的源图像 S:

$$S=\begin{bmatrix}a_{11}&a_{12}&\cdots&a_{1j}\\a_{21}&a_{22}&\cdots&a_{2j}\\\vdots&\vdots&&\vdots\\a_{i1}&a_{i2}&\cdots&a_{ij}\end{bmatrix} \quad (3.50)$$

其行向灰度投影向量为

$$GP_{row} = \left[\sum_j a_{1j}, \sum_j a_{2j}, \cdots, \sum_j a_{ij} \right] \qquad (3.51)$$

列向灰度投影向量为

$$GP_{column} = \left[\sum_i a_{i1}, \sum_i a_{i2}, \cdots, \sum_i a_{ij} \right] \qquad (3.52)$$

旋转投影是指,首先将图像逆时针旋转 θ,再计算图像列向灰度投影向量 GP_{column},作为图像在该旋转角度下的投影谱。当图像中的直线边缘通过旋转与水平方向垂直时,会在灰度投影谱上形成一个峰值点,如图 3.33 所示。图 3.33(a) 为源图像,图 3.33(b) 为其灰度投影谱;图 3.33(c) 为图 3.33(a) 逆时针旋转 90°的图像,图 3.33(d) 为其灰度投影谱。可以看出,在图 3.33(d) 中存在着不同的峰值点,这些峰值点与旋转图像中的直线存在着对应关系,根据这个对应原理即可完成直线的检测。

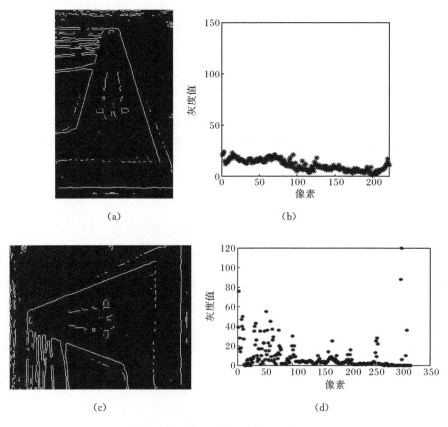

(a)

(b)

(c)

(d)

图 3.33　旋转图像与其灰度投影谱

定义 $\mathfrak{R}^\theta$ 为旋转算子,表征将矩阵逆时针方向旋转 θ,对形如式(3.50)所示的

图像,其投影灰度谱函数可以记为

$$\mathrm{GP}_c(\theta, r) = \sum_i \Re^\theta(a_{\mathrm{in}}) \qquad (3.53)$$

其中,θ 为图像逆时针旋转角度;$\mathrm{GP}_c(\theta, r)$ 为图像第 r 列列向的灰度和。

GP_c 相当于权值,GP_c 越大,表示图像在逆时针旋转 θ 后,r 处竖直方向上的边缘点越集中,越可能存在一条直线。将源图像沿逆时针,按照步长 k 进行旋转直到 π,可以获得一系列角度下的灰度投影谱,设直线检测阈值为 T,对于满足

$$\mathrm{GP}_c(\theta, r) > T \qquad (3.54)$$

的投影点 (θ, r),即视其为潜在直线。

由于图像中直线宽度一般大于一个像素,特别是 T 取值较小,在式(3.54)的约束比较宽松的情况下,会出现多个临近峰值对应同一条直线的情况。因此需要对检测出的潜在直线进一步筛选,本书中采用一种改进的 K-means 聚类算法来完成。

K-means 算法是一种广泛使用的基于划分的聚类算法,通过把 n 个对象分为 k 个簇,使簇内具有较高的相似度,以达到聚类划分的目的。构建相似度函数来评估簇内元素的相似度水平,一般通过簇内对象的平均值来进行。

传统的 K-means 聚类算法,采用对象与聚类中心的距离函数作为各个对象的相似度函数,并通过簇内对象的欧氏距离平均值来确定聚类中心。本书中,由于待聚类对象有 3 个参数 $(\theta, r, \mathrm{GP}_c(\theta, r))$,但又不相对独立,因此不适合作为一个传统三维的聚类问题。因此提出一种带权重的改进 K-means 聚类算法如下:

在 (θ, n) 空间中,定义待聚类对象为 $N_i = (\theta_i, r_i)$,其中,$i = 1, 2, \cdots, n$,待划分的簇为 S_j,其中,$j = 1, 2, \cdots, k$,定义各簇的初始聚类中心为 $C_j = (\tilde{\theta}_j, \tilde{r}_j)$,$j = 1, 2, \cdots, k$,定义对象 N_i 与簇 S_j 的相似度函数为

$$V_{ij} = \frac{\mathrm{GP}_c(\theta_i, r_i)}{\| N_i - C_j \|^2} \qquad (3.55)$$

$\forall i \in [1, n]$,$\exists \mu \in [1, k]$,若满足

$$V_{i\mu} = \min\left\{ \frac{\mathrm{GP}_c(\theta_i, r_i)}{\| N_i - C_j \|^2} \Big| j \in [1, k] \right\} \qquad (3.56)$$

则有 $N_i \in S_\mu$,其中,$\mu = 1, 2, \cdots, k$,即完成初始聚类。

聚类中心的更新算法如下:

定义 $S_\mu = \{\tilde{N}_1, \tilde{N}_2, \cdots, \tilde{N}_m\}$,则聚类中心 $C_\mu = (\tilde{\theta}_\mu, \tilde{r}_\mu)$ 为

$$C_\mu = \frac{\sum_{i=1}^m [\mathrm{GP}_c(\tilde{N}_i) \times \tilde{N}_i]}{\sum_{i=1}^m \mathrm{GP}_c(\tilde{N}_i)} = \left(\frac{\sum_{i=1}^m [\mathrm{GP}_c(\tilde{\theta}_i, \tilde{r}_i) \times \tilde{\theta}_i]}{\sum_{i=1}^m \mathrm{GP}_c(\tilde{\theta}_i, \tilde{r}_i)}, \frac{\sum_{i=1}^m [\mathrm{GP}_c(\tilde{\theta}_i, \tilde{r}_i) \times \tilde{r}_i]}{\sum_{i=1}^m \mathrm{GP}_c(\tilde{\theta}_i, \tilde{r}_i)} \right)$$

$$(3.57)$$

获取的聚类中心即可作为直线的位置,其中,θ_μ 是源图像逆时针旋转的角度,n_μ 是直线所在的列。

获取聚类中心之后,建立如图 3.34 所示的坐标系系统,求解图像中的直线参数。

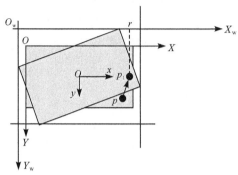

图 3.34　旋转图像坐标变换

设源图像坐标系为 OXY,旋转后生成的图像坐标系为 $O_wX_wY_w$,图像的旋转中心处建立旋转坐标系 Oxy。设源图像上任意一点 p,旋转后位于 p_1。源图像长宽分别为 W、H,旋转后为 W_w、H_w。

设在 OXY 坐标系下,p 点坐标为 (X_0,Y_0),在坐标系 Oxy 下,p 点坐标为 (x_0,y_0),根据坐标系的变换关系,存在

$$\begin{bmatrix} x_0 \\ y_0 \end{bmatrix} = \begin{bmatrix} X_0 \\ Y_0 \end{bmatrix} - \begin{bmatrix} \dfrac{w}{2} \\ \dfrac{h}{2} \end{bmatrix} \tag{3.58}$$

逆时针旋转 θ 后,得到 p_1 在 Oxy 坐标系下的坐标 (x_1,y_1)。根据旋转矩阵的关系,有

$$\begin{bmatrix} x_1 \\ y_1 \end{bmatrix} = \begin{bmatrix} \cos\theta & -\sin\theta \\ \sin\theta & \cos\theta \end{bmatrix} \begin{bmatrix} x_0 \\ y_0 \end{bmatrix} \tag{3.59}$$

点 p_1 在 $O_wX_wY_w$ 坐标系下的坐标 (x_w,y_w) 为

$$\begin{bmatrix} x_w \\ y_w \end{bmatrix} = \begin{bmatrix} x_1 \\ y_1 \end{bmatrix} + \begin{bmatrix} \dfrac{W}{2} \\ \dfrac{H}{2} \end{bmatrix} \tag{3.60}$$

已知 p_1 在 $O_wX_wY_w$ 坐标系下的横坐标 r,则

$$\begin{bmatrix} x_w - \dfrac{W}{2} \\ y_w - \dfrac{H}{2} \end{bmatrix} = \begin{bmatrix} \cos\theta & -\sin\theta \\ \sin\theta & \cos\theta \end{bmatrix} \begin{bmatrix} X_0 - \dfrac{w}{2} \\ Y_0 - \dfrac{h}{2} \end{bmatrix} \tag{3.61}$$

$x_w = r$, 代入式(3.61)即得

$$Y_0 = \cot\theta X_0 - \frac{w}{2}\cot\theta + \frac{h}{2} - \frac{r - W/2}{\sin\theta} \tag{3.62}$$

式(3.62)即为点 p_1 所在直线的方程。

单帧图像的算法整体流程如图 3.35 所示。

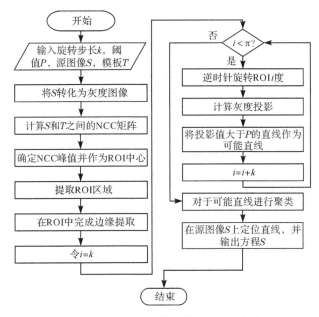

图 3.35　基于视觉的跑道提取算法架构

以下仿真使用的图像序列来自 TUM(institute of flight system dynamics)。

源图像使用图像序列中的第 100 帧图像,如图 3.36(a)所示,使用图 3.36(b)作为人工模板,对源图像进行匹配。

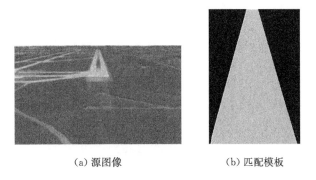

　　　　（a）源图像　　　　　　　　　　（b）匹配模板

图 3.36　第 100 帧图像和匹配模板

完成对源图像 S 的遍历后,归一化互相关矩阵如图 3.37(a)所示,以其峰值作为 ROI 中心点,如图 3.37(b)所示,放大后的 ROI 如图 3.37(c)所示。

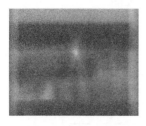 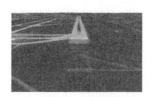 

  (a) 归一化互相关矩阵图   (b) 提取出的 ROI   (c) 放大后的 ROI

图 3.37   ROI 提取结果

为了检测算法在多尺度下的变换性能,分别对第 10、250 和 350 帧图像进行仿真,如图 3.38 所示。

   (a) 第 10 帧   (b) 第 250 帧   (c) 第 350 帧

图 3.38   不同尺度图像下的 ROI 提取结果

图 3.38 所示结果表明,面对跑道区域尺度的变化,本匹配模板具有一定的多尺度匹配能力。对图 3.37(c)使用 Sobel 算子进行边缘提取,如图 3.39(a)所示,按图 3.35 所述算法,设阈值 $T=50$,旋转补偿 $k=2°$,经过灰度投影后,得到的可能直线在 (θ,r) 空间内的分布如图 3.39(b)所示。

在图 3.39(b)中,可以看到,图 3.39(a)中的 4 条典型直线(起始线、终止线、左边线、右边线)对应在 (θ,r) 空间内,表现为 4 个分布区域。使用 K-means 算法对图 3.39(b)进行聚类,计算聚类中心作为直线实际位置,如图 3.40(a)所示,其对应直线如图 3.40(b)和图 3.40(c)所示。

获得的聚类中心为

$$\text{Cluster\_center} = \begin{bmatrix} 89.1564 & 39.2783 \\ 16.5000 & 96.0000 \\ 90.2719 & 298.3458 \\ 160.7359 & 107.1430 \end{bmatrix} \quad (3.63)$$

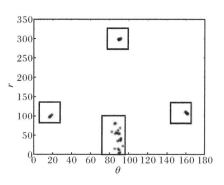

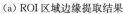

（a）ROI 区域边缘提取结果　　　　　　（b）可能直线在 (θ,r) 空间内的分布

图 3.39　边缘提取结果与其灰度投影在 (θ,r) 空间的映射

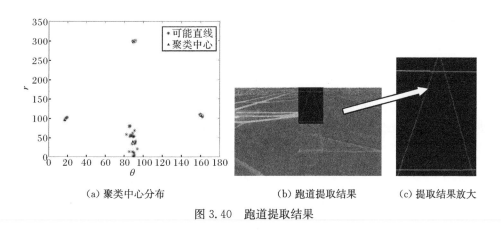

（a）聚类中心分布　　　　　　（b）跑道提取结果　　　　（c）提取结果放大

图 3.40　跑道提取结果

获得的直线方程为

$$\begin{cases} y = -0.0147x - 276.6078 \\ y = -3.3759x + 24.1507 \\ y = 0.0047x - 17.6789 \\ y = 2.8613x - 622.7757 \end{cases} \tag{3.64}$$

使用配备 Intel i7 处理器的计算机,在 MATLAB2012b 平台下,对大小为 1024×768 的 300 帧图像进行处理,结果表明,使用本算法平均每帧计算耗时0.2997s,而传统使用 Hough 变换算法耗时则达到 0.634s,因此,所述算法比传统算法在时间上更有优势。

本节提出一种基于灰度投影的跑道线提取方法,该算法首先使用模板匹配获得跑道区域,作为 ROI,之后在 ROI 中进行边缘提取。对边缘提取后的图像使用灰度投影算法,获得直线在 (θ, r) 空间内的位置,使用 K-means 算法对可能的直线进行聚类,从而获得跑道边线的估计位置。仿真表明,该算法可以有效提取跑道边线,同时比传统 Hough 变换的直线提取算法的时间开销降低 60%。

3.4.6 基于跑道线稀疏光流场的姿态估计算例

在飞机起降阶段,跑道线均是视场中最典型的直线特征,在这个算例中,利用计算得到的匹配光流场,对飞行器着陆阶段进行姿态估计。视频序列选自慕尼黑工业大学 C2Land 项目测试视频序列,大小为 1280×1024,仿真过程中的系统参数如下。

本例中,摄像机投影矩阵为

$$\mathbf{M\_P} = \begin{bmatrix} -1969.23 & 0 & -640 \\ 0 & -1969.23 & -512 \\ 0 & 0 & 1 \end{bmatrix}$$

摄像机与机体坐标系的转换矩阵为

$$\mathbf{M\_B2C} = \begin{bmatrix} 0 & 0 & -1 \\ 1 & 0 & 0 \\ 0 & -1 & 0 \end{bmatrix}$$

机体坐标系与跑道坐标系关系如图 3.41 所示,待计算图序列如图 3.42 所示。使用本书所述算法,计算序列图像的直线稀疏光流场,如图 3.43 所示。

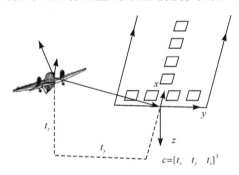

图 3.41 机体坐标系与跑道坐标系关系

使用本书所述算法,估计飞行器姿态角,如图 3.44~图 3.46 所示,虚线为系统内设置的飞行器飞行姿态角速度曲线,实线为使用稀疏光流场估计的角速度曲线。

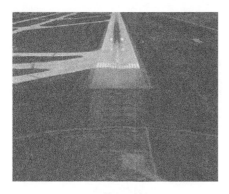
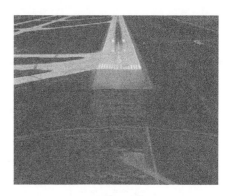

(a) 第 478 帧　　　　　　　　　　　　　　(b) 第 479 帧

(c) 第 914 帧　　　　　　　　　　　　　　(d) 第 915 帧

图 3.42　待计算图像序列

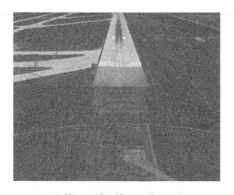

(a) 第 478 帧和第 479 帧光流场　　　　　　(b) 第 914 帧和第 915 帧光流场

图 3.43　直线稀疏光流场

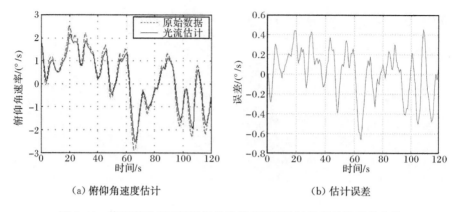

（a）俯仰角速度估计　　　　　　　　　（b）估计误差

图 3.44　使用稀疏光流场进行的俯仰角速度估计及其估计误差曲线

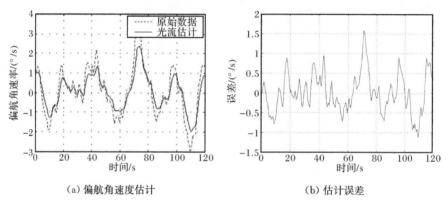

（a）偏航角速度估计　　　　　　　　　（b）估计误差

图 3.45　使用稀疏光流场进行的偏航角速度估计及其估计误差曲线

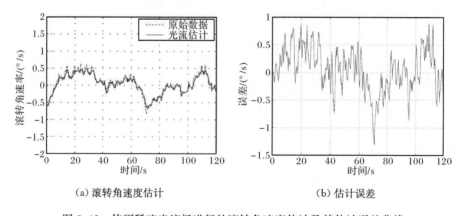

（a）滚转角速度估计　　　　　　　　　（b）估计误差

图 3.46　使用稀疏光流场进行的滚转角速度估计及其估计误差曲线

通过上述仿真可以看出,与地平线光流场进行姿态估计算法类似,本算法可以有效估计飞行器的飞行姿态。在飞行器进近阶段,飞行器滚转和偏航两个通道角速度较小的前提下,本算法可以获得较高的估计精度,而在飞行器有剧烈变化的俯仰通道,本算法的估计误差较大(图 3.45(b)峰值处)。

需要特别指出的是,本算法只对飞行器进近阶段前 3500ms 的图像进行分析,当飞行器进一步靠近跑道时(在本算例中为<5m),式(3.38)中约束将不再满足,此时必须考虑 $(\eta_x - x\eta_z)/Z$ 项对计算光流场的影响。

3.5　稀疏直线光流场飞行器着陆控制技术

进近着陆阶段始终是整个飞行过程中最危险的阶段,也是世界民航组织最重视的飞行安全问题之一。传统飞行器特别是民航飞机的着陆方法依赖于着陆导引系统(landing guidance system,LGS),LGS 可为飞机提供精确的方位、下滑角和距离等引导信息,飞机依据这些信息对准跑道并按给定的下滑角进场和着陆,以保证接地点的偏差在规定的范围以内。目前导引系统包括仪表着陆系统、地面控制进场系统、微波着陆系统三种,上述系统都依赖地基导引系统,同时也需要复杂的机载传感设备来完成飞行器的着陆控制。

微小型飞行器受其使用环境和有效载荷的限制,很多时候并不具备在地面导引系统指挥下进行着陆的条件,因此,研究基于机载视觉设备的无人机着陆方法就成为题中之义。传统无人机视觉辅助着陆,主要使用具有一定几何形状的图形作为飞行器位姿测量的参照,采用计算机视觉技术进行解算,最终实现对飞行器姿态的估计[11]。这些方法普遍存在以下问题:

(1) 该类方法需要固定的地面指示标志,在野战环境下难以获取类似指示物;

(2) 传统基于光流动着陆方案使用全局光流场控制飞行器,计算复杂且对噪声较为敏感;

(3) 传统算法主要适用于垂直起降飞行器,对固定翼飞行器而言,标志物难以长期在视场中留存,因此很难获得精确的位姿估计。

昆虫可以利用其视网膜上的图像膨胀速度来估计着陆时机,不需要知道精确的距离和速度。昆虫在着陆时,只需要在一定着陆角度下,保持光流值不变。因此对飞行器着陆控制,需要在保持光流值不变的情况下,减小平动速度[12]。

Barrows 等[13]研究了昆虫视网膜上光流场与现实世界速度场之间的关系,如图 3.47 所示。其中 h 为离地面高度,f 为摄像机焦距,V 为飞行速度方向,α_{ret} 为光轴与速度方向的夹角,γ 为像素点与光轴的夹角。

当昆虫以速度 V 前向运动时,投影在其视网膜上的速度可记为

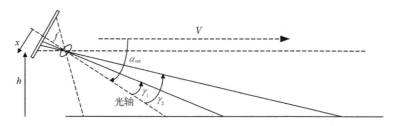

图 3.47　昆虫视网膜上光流场与现实世界速度场的关系

$$v_{\mathrm{ret}} = -\frac{fV}{h}\frac{\sin^2(\alpha_{\mathrm{ret}}+\gamma)}{\cos^2\gamma} \tag{3.65}$$

当光轴与速度方向重合,即 $\alpha_{\mathrm{ret}}=0$ 时,(3.65)可写成

$$v_{\mathrm{ret}} = -\frac{fV}{h}\tan^2\gamma \tag{3.66}$$

此时,越远离光轴的像素点具有越大的光流矢量,这与常识相吻合。可以注意到,当同时降低速度 V 和高度 h 时,有可能保持光流矢量 v_{ret} 不变,当 $v\to0$、$h\to0$ 时,即可完成飞行器着陆,这就是使用光流场进行飞行器着陆控制的基本原理。

在上述理论的基础上,本书中提出了一种基于直线稀疏光流场的微小型飞行器着陆控制方法,使用视场中存在的诸如跑道的直线特征,导引飞行器实现自主着陆。该控制方法不需要知道飞行器相对跑道的精确位置以及速度,不需要计算全局光流场,仅借助视场中跑道线的稀疏光流场,即可完成进近-着陆导引控制,同时,不需要复杂的指示目标,同样也适用于滑翔降落飞行器和垂直降落飞行器的使用要求。

3.5.1　飞行器进近-着陆阶段特性分析

以固定翼飞行器为例,其完整的进近-着陆阶段可以分为三个部分,如图 3.48 所示。

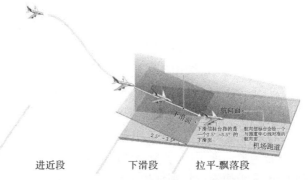

图 3.48　固定翼飞行器进近-着陆阶段示意

进近段也叫进场段,是指飞机在机场上空由地面管制人员指挥对准跑道下降的阶段,这个阶段,飞机需要按规则使机身纵轴对准跑道。稳定的进近是完美着陆的前提,它可以使飞行员在跑道入口处获得理想的条件,从而集中精力控制飞机的俯仰变化,这要求飞行员严格按仪表飞行,准确、柔和地控制飞机。

在对准跑道之后,飞机减速,进入下滑段。此时需要放下襟翼和起落架,在此阶段对飞行器的要求如下:

(1) 稳定的速度和发动机推力;

(2) 稳定的下降率;

(3) 稳定而合适的姿态;

(4) 稳定的航向。

当飞机下滑到离地面 $7 \sim 8m$ 高度时,进入拉平-飘落段。此时驾驶员要把机头拉起。到 1m 左右高度时使飞机拉平,飞机以平行地面姿态下降,一般称为平飘,飞机两个主轮平衡着地,飞机前轮仍然离地,以一定迎角滑跑一段距离以增加阻力,然后前推驾驶杆使前轮着地,这时使用刹车和反推装置(喷气飞机)或反桨装置(螺旋桨飞机)使飞机尽快把速度减低,滑出跑道,进入滑行道,驶向机坪。

通过上述进近-着陆阶段的分析,可以看出,在飞行器进近段,飞行器的轨迹控制可以被简化为一个在姿态稳定情况下的水平方向航迹控制问题;而在下滑段,则可以简化为一个在姿态稳定情况下的垂直高度-速度控制问题。因此,整个飞行器进近-着陆阶段,特别是进近段和下滑段,其飞行控制可以解耦为垂直和水平两个通道的航迹控制问题。

3.5.2　基于直线稀疏光流场的飞行器进近段对准控制

固定翼飞行器在进近段需要解决的主要问题是使机体纵轴尽快对准跑道,因此需要研究使用直线稀疏光流场来导引飞行器的进近段对准控制。

进近段坐标系定义如图 3.49 所示。图 3.50 是跑道线在图像坐标系上的成像示意,其中两条黑色平行线为跑道线。

坐标系定义如下。

大地坐标系 O_w-$X_w Y_w Z_w$,原点取在跑道中线上一点,以飞行器进近方向反方向为 Z_w 轴的正方向,Y_w 轴正方向指向天空,形成右手坐标系。

机体坐标系 O_b-$X_b Y_b Z_b$,原点取在飞行器质心,以机体纵轴为 Z_b 轴,Y_b 轴正方向指向地心,形成右手坐标系。

摄像机坐标系 O_c-$X_c Y_c Z_c$,原点取在光心,以向下为 Y_c 轴正方向,形成右手坐标系。

图像坐标系 O-xy,原点取在图像中心,以向下方向为 y 轴正方向。

取跑道上一点 A,坐标为 (X_w, Y_w, Z_w),由式(3.37)可知,A 在图像平面上形

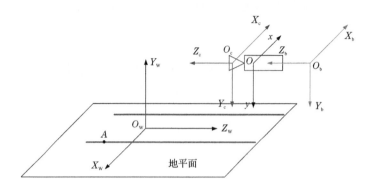

图 3.49　进近段大地坐标系、机体坐标系、摄像机坐标系以及图像坐标系定义

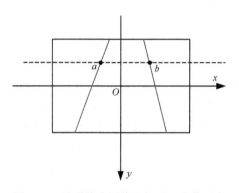

图 3.50　跑道线在图像坐标系上成像示意

成的光流满足：

$$
\begin{bmatrix} u_a \\ v_a \\ 0 \end{bmatrix} = \begin{bmatrix} \omega_{X_c} \\ \omega_{Y_c} \\ \omega_{Z_c} \end{bmatrix} \times \begin{bmatrix} x_a \\ y_a \\ 1 \end{bmatrix} + \frac{1}{Z_c} \begin{bmatrix} \eta_{X_c} \\ \eta_{Y_c} \\ \eta_{Z_c} \end{bmatrix} - \frac{Z'_c}{Z_c} \begin{bmatrix} x \\ y \\ 1 \end{bmatrix} \tag{3.67}
$$

其中，$[u_a, v_a]^T$ 为 A 点的光流，u_a 为扩张流，v_a 为平动流；$[x_a, y_a]^T$ 为 A 点在图像坐标系 $O\text{-}xy$ 下的坐标；$[\eta_{X_c}, \eta_{Y_c}, \eta_{Z_c}]^T$ 为摄像机在摄像机坐标系 $O_c\text{-}X_cY_cZ_c$ 三个方向的速度分量；$[\omega_{X_c}, \omega_{Y_c}, \omega_{Z_c}]^T$ 是摄像机坐标系 $O_c\text{-}X_cY_cZ_c$ 三轴的角速度。

　　飞行器在进近段需要保持飞行姿态和速度稳定，因此，对飞行器在进近段的运动作如下假设：

　　(1) 进近段飞行器俯仰、滚转通道锁定，即不发生俯仰、滚转运动，仅发生偏航运动；

　　(2) 进近段飞行器在 Z_b 轴和 X_b 轴方向上的速度保持恒定，不发生 Y_b 轴上的运动；

(3) 不失一般性,令摄像机固连飞行器质心,即 $O_c\text{-}X_cY_cZ_c$ 与 $O_b\text{-}X_bY_bZ_b$ 重合;

(4) 将飞行器视为质点,进近段不考虑姿态变化(即自动驾驶仪锁定姿态,对准由侧向运动实现)。

由上述假设,式(3.67)可变形为

$$
\begin{bmatrix} u_a \\ v_a \\ 0 \end{bmatrix} = \begin{bmatrix} 0 \\ \omega_{Y_b} \\ 0 \end{bmatrix} \times \begin{bmatrix} x_a \\ y_a \\ 1 \end{bmatrix} + \frac{1}{Z_b} \begin{bmatrix} \eta_{X_b} \\ 0 \\ \eta_{Z_b} \end{bmatrix} - \frac{\eta_{Z_b}}{Z_b} \begin{bmatrix} x \\ y \\ 1 \end{bmatrix} \tag{3.68}
$$

其中,ω_{Y_b} 是飞行器偏航角速度;$[\eta_{X_b}, \eta_{Y_b}, \eta_{Z_b}]^T$ 是飞行器在 $O_b\text{-}X_bY_bZ_b$ 下的速度,其中 $\eta_{Y_b}=0$。

对于图 3.50 所示的情况,点 a 和点 b 分别是两条跑道线上的对应点,且有

$$
y_a = y_b \tag{3.69}
$$

则两点上的光流场分别为

$$
\begin{bmatrix} u_a \\ v_a \end{bmatrix} = \begin{bmatrix} \dfrac{\eta_{X_b}}{Z_b} - \dfrac{\eta_{Z_b} x_a}{Z_b} \\[2mm] \omega_{Y_b} y_a + \dfrac{\eta_{Z_b}}{Z_b} - \dfrac{\eta_{Z_b} y_a}{Z_b} \end{bmatrix} \tag{3.70}
$$

$$
\begin{bmatrix} u_b \\ v_b \end{bmatrix} = \begin{bmatrix} \dfrac{\eta_{X_b}}{Z_b} - \dfrac{\eta_{Z_b} x_b}{Z_b} \\[2mm] \omega_{Y_b} y_b + \dfrac{\eta_{Z_b}}{Z_b} - \dfrac{\eta_{Z_b} y_b}{Z_b} \end{bmatrix} \tag{3.71}
$$

由式(3.69)可知,平动流存在,即

$$
v_a = v_b \tag{3.72}
$$

对于地平线上一点 A,其在 $O_w\text{-}X_wY_wZ_w$ 中的坐标为 (X_w, Y_w, Z_w),则其在图 3.49所示摄像机坐标系 $O_c\text{-}X_cY_cZ_c$ 中的坐标为

$$
\begin{bmatrix} X_c \\ Y_c \\ Z_c \end{bmatrix} = \begin{bmatrix} \text{offset\_}X \\ \text{offset\_}Y \\ \text{offset\_}Z \end{bmatrix} - \begin{bmatrix} X_w \\ Y_w \\ Z_w \end{bmatrix} \tag{3.73}
$$

由于跑道在地平面上,因此 $Y_w=0$,即

$$
\begin{bmatrix} X_c \\ Y_c \\ Z_c \end{bmatrix} = \begin{bmatrix} \text{offset\_}X - X_w \\ \text{offset\_}Y \\ \text{offset\_}Z - Z_w \end{bmatrix} \tag{3.74}
$$

由摄像机模型,有

$$\begin{cases} x_a = \dfrac{X_{c_a}}{Z_{c_a}} \\[3mm] y_a = \dfrac{Y_{c_a}}{Z_{c_a}} \end{cases} \tag{3.75}$$

$$\begin{cases} x_b = \dfrac{X_{c_b}}{Z_{c_b}} \\[3mm] y_b = \dfrac{Y_{c_b}}{Z_{c_b}} \end{cases} \tag{3.76}$$

则式(3.70)、式(3.71)中的扩张流可以写成

$$\begin{cases} u_a = \dfrac{\eta_{X_b}}{Z_b} - \dfrac{\eta_{Z_b} x_a}{Z_b} = \dfrac{\eta_{X_b}}{Z_b} - \dfrac{\eta_{Z_b}}{Z_b} \dfrac{\text{offset\_}X - X_{w_a}}{\text{offset\_}Z - Z_{w_a}} \\[3mm] u_b = \dfrac{\eta_{X_b}}{Z_b} - \dfrac{\eta_{Z_b} x_b}{Z_b} = \dfrac{\eta_{X_b}}{Z_b} - \dfrac{\eta_{Z_b}}{Z_b} \dfrac{\text{offset\_}X - X_{w_b}}{\text{offset\_}Z - Z_{w_b}} \end{cases} \tag{3.77}$$

由式(3.68)、式(3.75)、式(3.76)可知

$$\frac{Y_{c_a}}{Z_{c_a}} = \frac{Y_{c_b}}{Z_{c_b}} \tag{3.78}$$

由式(3.74)可知

$$Y_{c_a} = Y_{c_b} = \text{offset\_}Y \tag{3.79}$$

代入式(3.78)可得

$$Z_{c_a} = Z_{c_b}$$

即有 $Z_{w_a} = Z_{w_b}$。又

$$u_a + u_b = \frac{\eta_{Z_b}}{Z_b} \left(\frac{2\text{offset\_}X - X_{w_b} - X_{w_a}}{\text{offset\_}Z - Z_{w_a}} \right) \tag{3.80}$$

由于 Z_w 轴是跑道的中心线,有

$$X_{w_b} = -X_{w_a} \tag{3.81}$$

所以

$$u_a + u_b = \frac{\eta_{Z_b}}{Z_b} \left(\frac{2\text{offset\_}X}{\text{offset\_}Z - Z_{w_a}} \right) = \frac{\eta_{Z_b} (2\text{offset\_}X)}{Z_b^2} \tag{3.82}$$

由于飞行器位于进近段时距离机场跑道距离较远(一般大于 5km),因此对于低速飞行器的进近(速度小于 50m/s)可以忽略进近过程中 Z_b 的变化,将其视为常数 C,即

$$u_a + u_b \approx C \cdot \text{offset\_}X \tag{3.83}$$

其中

$$C = \frac{2\eta_{Z_b}}{Z_b^2}$$

则当且仅当飞行器纵轴指对准机场跑道中心线时,有

$$\text{offset\_}X = 0$$

代入式(3.83)可得

$$u_a + u_b = 0 \tag{3.84}$$

由式(3.83)可以看出,通过控制跑道两条边线上对应点的光流扩张流之和,即可以在不知道飞行器相对跑道位置的前提下,控制飞行器纵轴对准跑道中心线,完成进近段的控制。

在实际使用中,形如式(3.84)的单个点的扩展流可能会带来一定的误差,因此使用线光流场的统计特征来进行控制。

设跑道左右边线在视场中形成的稀疏线光流场分别为$[u_i^{\mathrm{L}}, v_i^{\mathrm{L}}]^{\mathrm{T}}$ 和$[u_j^{\mathrm{R}}, v_j^{\mathrm{R}}]^{\mathrm{T}}$,其中$i, j \in [1, N]$,$N$ 为直线上选取的离散点数目。

定义直线平均扩张流:

$$\begin{cases} u_{\mathrm{avg}}^{\mathrm{L}} = \displaystyle\sum_{i=1}^{N} u_i^{\mathrm{L}} \\ u_{\mathrm{avg}}^{\mathrm{R}} = \displaystyle\sum_{j=1}^{N} u_j^{\mathrm{L}} \end{cases} \tag{3.85}$$

当两条直线稀疏光流场满足平均扩张流之和为 0 时,即可认为飞行器纵轴对准跑道中心线。

进近段的对准控制可以简化为飞行器在锁定姿态情况下的偏航控制。将飞行器的偏航控制简化为一个二阶系统,以此为基础,构建基于稀疏直线光流场的飞行器进近段对准控制系统,如图 3.51 所示。

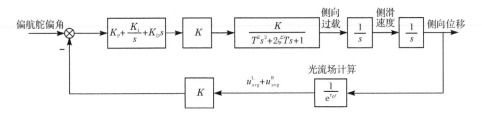

图 3.51　基于稀疏直线光流场的飞行器进近段对准控制系统框图

飞行器发生侧向位移之后,摄像机采集图像信息,并对其进行解算,计算出稀疏直线光流场,并求解出两条边线的直线平均扩张流之和$u_{\mathrm{avg}}^{\mathrm{L}} + u_{\mathrm{avg}}^{\mathrm{R}}$,并将其作为对准系统负反馈,从而构成整个控制系统。

3.5.3　基于直线光流场的飞行器下滑段垂直控制

固定翼飞行器在下滑段需要解决的主要问题是控制飞行器在垂直速度下降

的同时高度下降,理想情况是在起落架接触跑道时垂直速度也衰减为 0,从而减小触地过载。基于此,本节主要研究使用直线稀疏光流场来导引飞行器下滑段的着陆控制。

下滑段坐标系定义如图 3.52 所示,其中两条平行线为跑道线。坐标系定义如下。

大地坐标系 $O_w\text{-}X_wY_wZ_w$,原点取在跑道中线上的飞行器期望接地点,以飞行器进近速度方向反方向为 Z_w 轴正方向,Y_w 轴正方向指向天空。

机体坐标系 $O_b\text{-}X_bY_bZ_b$,原点取在飞行器质心,以机体纵轴为 Z_b 轴,Y_b 轴正方向指向地心。

摄像机 2 坐标系 $O_{c2}\text{-}X_{c2}Y_{c2}Z_{c2}$,原点取在光心,以向下为 Z_{c2} 轴正方向。

图像 2 坐标系 $O_2\text{-}x_2y_2$,原点取在图像中心,以飞行器进近速度方向反方向为 y_2 轴正方向。

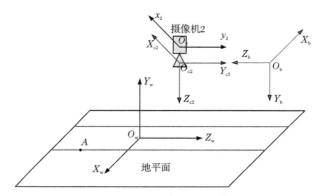

图 3.52　下滑段大地坐标系、机体坐标系、摄像机坐标系以及图像坐标系定义

对于下滑段的轨迹控制是建立在进近段控制的基础上的。当飞行器进入下滑段时,需要尽量满足以下条件:

(1) 稳定的速度和发动机推力;

(2) 稳定的下降率;

(3) 稳定而合适的姿态;

(4) 稳定的航向。

基于以上,可以作如下假设:

(1) 下降段飞行器偏航、滚转通道锁定,即不发生偏航、滚转运动,仅发生俯仰运动;

(2) 下降段飞行器在 Z_b 轴和 Y_b 轴方向上发生运动,不发生 X_b 轴上的运动;

(3) 将飞行器视为质点,下降段不考虑姿态变化(即自动驾驶仪锁定姿态,下降由俯仰运动实现);

(4) 不失一般性,摄像机 2 固连飞行器质心,即点 O_{c2} 与 O_b 重合。

如前所述,飞行器下滑段控制主要指的是对 Y_b 方向上速度 η_{Y_b}、水平偏移 offset_Y 的控制,接下来对此进行分析。

Y_b 方向上的着陆控制依赖于摄像机 2。取跑道上一点 A,坐标为 (X_w, Y_w, Z_w),A 点在图像平面 2 上形成的光流满足

$$
\begin{bmatrix} u_{a2} \\ v_{a2} \\ 0 \end{bmatrix} = \begin{bmatrix} \omega_{X_{c2}} \\ \omega_{Y_{c2}} \\ \omega_{Z_{c2}} \end{bmatrix} \times \begin{bmatrix} x_{a2} \\ y_{a2} \\ 1 \end{bmatrix} + \frac{1}{Z_{c2}} \begin{bmatrix} \eta_{X_{c2}} \\ \eta_{Y_{c2}} \\ \eta_{Z_{c2}} \end{bmatrix} - \frac{Z'_{c2}}{Z_{c2}} \begin{bmatrix} x_{a2} \\ y_{a2} \\ 1 \end{bmatrix}
$$

$$
= \begin{bmatrix} \omega_{X_b} \\ -\omega_{Z_b} \\ \omega_{Y_b} \end{bmatrix} \times \begin{bmatrix} x_{a2} \\ y_{a2} \\ 1 \end{bmatrix} + \frac{1}{Y_b} \begin{bmatrix} \eta_{X_b} \\ -\eta_{Z_b} \\ \eta_{Y_b} \end{bmatrix} - \frac{Y'_b}{Y_b} \begin{bmatrix} x_{a2} \\ y_{a2} \\ 1 \end{bmatrix}
\tag{3.86}
$$

其中,$[u_{a2}, v_{a2}]^T$ 为 A 点在图像平面 2 上的光流,u_{a2} 为扩张流,v_{a2} 为平动流;$[x_{a2}, y_{a2}]^T$ 为 A 点在图像坐标系 O_2-$x_2 y_2$ 下的坐标;$[\eta_{X_{c2}}, \eta_{Y_{c2}}, \eta_{Z_{c2}}]^T$ 为摄像机 2 在 O_{c2}-$X_{c2} Y_{c2} Z_{c2}$ 三个方向的速度分量;$[\omega_{X_{c2}}, \omega_{Y_{c2}}, \omega_{Z_{c2}}]^T$ 是摄像机 2 绕 O_{c2}-$X_{c2} Y_{c2} Z_{c2}$ 三轴的角速度。

由假设可知,式(3.86)可以写成

$$
\begin{bmatrix} u_{a2} \\ v_{a2} \\ 0 \end{bmatrix} = \frac{1}{Y_b} \begin{bmatrix} 0 \\ -\eta_{Z_b} \\ \eta_{Y_b} \end{bmatrix} - \frac{\eta_{Y_b}}{Y_b} \begin{bmatrix} x_{a2} \\ y_{a2} \\ 1 \end{bmatrix}
\tag{3.87}
$$

其扩张流 u_{a2} 满足

$$
u_{a2} = -\frac{\eta_{Y_b}}{Y_b} x_{a2}
\tag{3.88}
$$

由坐标系关系可知

$$
x_{a2} = \frac{X_b}{Y_b} = \frac{X_w}{\text{offset\_}Y - Y_w}
\tag{3.89}
$$

其中,令 X_w、Y_w 满足

$$
X_w = \frac{W_R}{2}, \quad \text{offset\_}Y - Y_w = \text{Dis}_V
$$

则跑道在图像平面 2 上的扩张流可以描述为

$$
u_{a2} = -\frac{\eta_{Y_b}}{\text{Dis}_V^2} \frac{W_R}{2}
\tag{3.90}
$$

其中,η_{Z_b} 是飞行器的下降速度;Dis_V 是飞行器到地面的距离。从式(3.90)可以看

出,通过控制扩张流 u_{a2} 保持不变,即可实现在水平速度 η_{Y_b} 降低的同时,接近期望接地点,从而实现 Y_b 方向上的着陆控制。

为了减小光流场计算中带来的误差,使用平均扩张流来描述图像的扩张光流。设跑道左右边线在视场中形成的稀疏线光流场分别为 $[u_i^{\mathrm{L}},v_i^{\mathrm{L}}]^{\mathrm{T}}$ 和 $[u_j^{\mathrm{R}},v_j^{\mathrm{R}}]^{\mathrm{T}}$,其中,$i,j\in[1,N]$,$N$ 为直线上选取的离散点数目。则平均扩张流定义为

$$u_{\mathrm{avg}} = \frac{|u_{\mathrm{avg}}^{\mathrm{L}}| + |u_{\mathrm{avg}}^{\mathrm{R}}|}{2} \tag{3.91}$$

其中

$$\begin{cases} u_{\mathrm{avg}}^{\mathrm{L}} = \displaystyle\sum_{i=1}^{N} u_i^{\mathrm{L}} \\ u_{\mathrm{avg}}^{\mathrm{R}} = \displaystyle\sum_{j=1}^{N} u_j^{\mathrm{R}} \end{cases} \tag{3.92}$$

由上述假设和分析,下滑段的对准控制可以简化为飞行器在锁定姿态和水平速度情况下的下降控制。可以将飞行器的下降控制简化为一个二阶系统,以此为基础,构建基于稀疏直线光流场的飞行器下降段着陆控制系统,如图 3.53 所示。

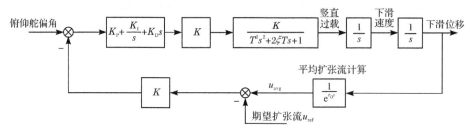

图 3.53　基于稀疏直线光流场的飞行器下滑段垂直控制系统框图

在 MATLAB2012b 平台上,使用 Simulink 模块搭建仿真环境,对于上述算法进行仿真,总体仿真框架如图 3.54 所示。

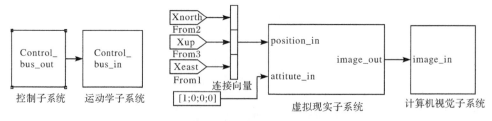

图 3.54　仿真系统总体架构

仿真系统包括控制子系统、运动学子系统、虚拟现实子系统和计算机视觉子

系统。其中控制子系统(control subsystem)负责对控制器进行仿真,运动学子系统(motion subsystem)负责对飞行器运动模型进行仿真,虚拟现实子系统(VR subsystem)采用 MATLAB 自带的 Visual Reality 工具建立三维场景模型,并输出实际场景到计算机视觉子系统(computer vision subsystem,CVS),后者是视觉算法部分,负责计算场景的稀疏直线光流信息,并将计算结果反馈回控制子系统,构建完整的控制反馈回路。

图 3.55~图 3.58 是各个子系统内部结构组成。

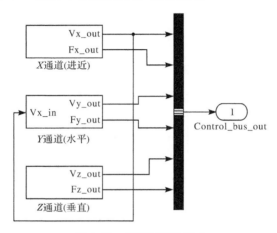

图 3.55　控制子系统组成

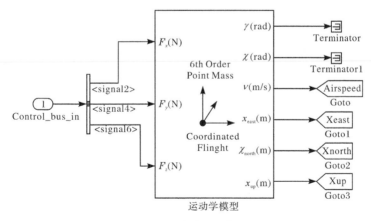

图 3.56　运动学子系统组成

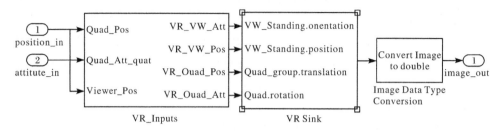

图 3.57 虚拟现实子系统组成

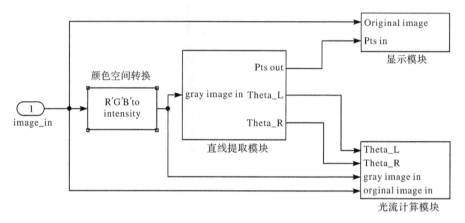

图 3.58 计算机视觉子系统组成

虚拟现实场景中坐标系如图 3.59 所示,坐标系定义如下:大地坐标系采用东-北-天坐标系,原点位于跑道中心,XY 平面与大地平面重合;机体坐标系原点位于飞行器质心,x 方向与机体纵轴平行,z 轴垂直向下指向地心。

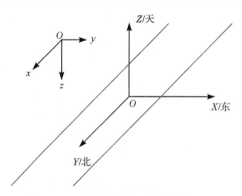

图 3.59 虚拟现实场景中坐标系定义

3.5.4 飞行器进近段对准控制仿真

系统仿真参数如表3.5所示。

表3.5　飞行器进近段对准控制仿真参数表

项目	参数
跑道宽度	60m
跑道长度	4500m
初始高度	100m
初始速度	$[-30,0,0]$m/s
飞行器初始位置	$[2000,30,100]$m
飞行器质量	8kg

飞行器模型采用作者所在项目组某无人机模型,根据其辨识数据,飞行器偏航舵偏角与偏航过载之间的传递函数为

$$G(s) = \frac{0.04v}{0.25s^2 + 0.5s + 1} \tag{3.93}$$

其中,v为空速。

图像中跑道线提取结果如图3.60所示,直线稀疏光流场计算如图3.61所示。

按照图3.51所示控制系统构建导引回路,如图3.62和图3.63所示,反馈增益设为0.1。

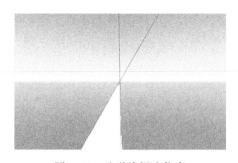 

图3.60　跑道线提取仿真　　　　图3.61　直线稀疏光流场计算仿真

PID控制器设计如图3.64所示,其中,$K_P = 1$,$K_I = 0.01$,$K_D = 3$。输出的横向过载曲线如图3.65所示。横向速度曲线如图3.66所示。横向位移曲线如图3.67所示。仿真航迹如图3.68所示。由上述仿真结果可以看出,对于本模型使用的算法,可以在20s内使飞行器对准跑道,且横向过载不超过4m/s^2。

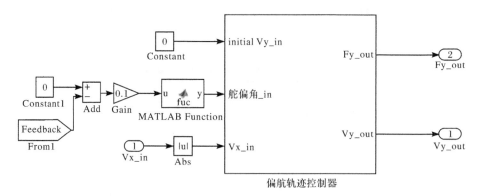

图 3.62　导引回路设计

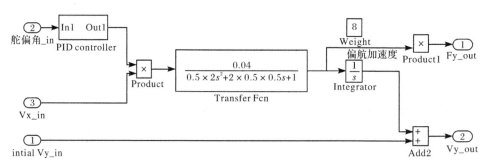

图 3.63　偏航轨迹控制器设计

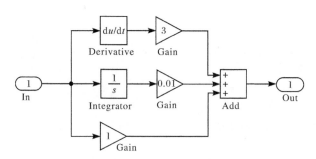

图 3.64　前向通路 PID 控制器设计

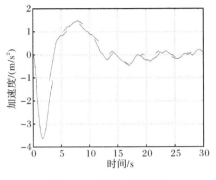

图 3.65　横向过载曲线

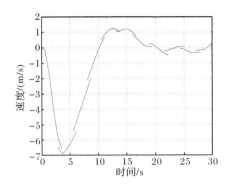

图 3.66　横向速度曲线

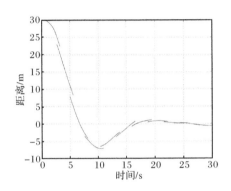

图 3.67　横向位移曲线

图 3.68　虚拟现实场景中的对准航迹仿真

3.5.5　飞行器下滑段控制仿真

系统仿真参数如表 3.6 所示。

表 3.6　飞行器下降段控制仿真参数表

项目	参数
跑道宽度	20m
跑道长度	4500m
初始高度	300m
初始速度	$[-30,0,0]$m/s
飞行器初始位置	$[2000,0,300]$m
飞行器质量	8kg

飞行器模型采用作者所在项目组某无人机模型,根据其辨识数据,飞行器俯仰舵偏角与俯仰过载之间的传递函数为

$$G(s) = \frac{0.09v}{0.25s^2 + 0.8s + 1} \tag{3.94}$$

其中，v 为空速。

图像中跑道线稀疏光流场计算仿真如图 3.69 所示。

图 3.69　直线稀疏光流场计算仿真

按照图 3.53 所示控制系统，构建下降控制回路，如图 3.70 和图 3.71 所示，反馈增益设为 10，期望扩张流为 -1，负号表示方向向下。

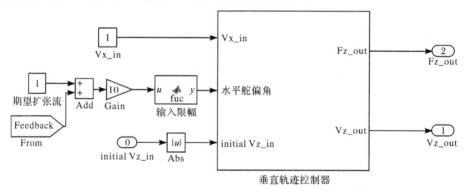

图 3.70　下降控制回路设计

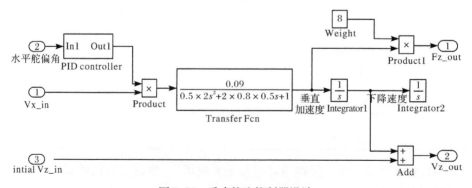

图 3.71　垂直轨迹控制器设计

PID 控制器设计如图 3.72 所示,其中,$K_P = 1.3$,$K_I = 0.05$,$K_D = 4$。

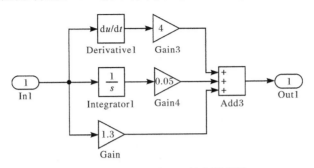

图 3.72　前向通路 PID 控制器设计

仿真结果如图 3.73～图 3.76 所示。图 3.73 是下降过程中作为反馈的平均扩张流曲线。输出的纵向加速度曲线如图 3.74 所示。下降速度曲线如图 3.75 所示。下降高度曲线如图 3.76 所示。由于飞行器靠近地面时,跑道线会由于扩张在视场中不可见,因此本算法仅仿真到距离地面 10m 的情况。由仿真结果可以看

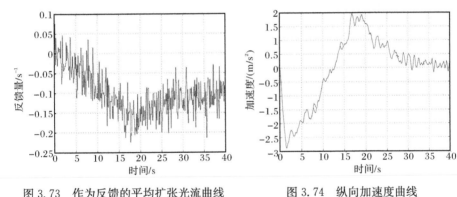

图 3.73　作为反馈的平均扩张光流曲线　　　　图 3.74　纵向加速度曲线

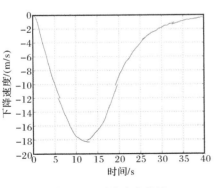

图 3.75　下降速度曲线　　　　　　　　图 3.76　下降高度曲线

出,对于本控制模型使用该下降控制算法,可以在 40s 内使飞行器由 300m 沿指数曲线平稳下降到 10m 的高度,同时下降速度减小到小于 1m/s,且加速度不超过 ±3m/s² 。

3.6　本章小结

　　本章提出了一种基于直线匹配的稀疏光流场计算方法,并进行了理论分析与仿真,确定了该方法在计算图像局部光流问题上的有效性。该方法首先构造参数-卡尔曼滤波器,在 Hough 空间内完成序列图像间的直线匹配,再根据摄像机模型推导了稀疏直线光流场的计算方法;通过仿真分析,该算法可以完成序列图像间直线的跟踪和匹配,相较于传统基于 HS 算法的光流计算方法,可以准确且快速地获得图像中直线特征附近的光流信息,并具有一定的抗噪声能力。本章提出了一种基于稀疏直线光流场的微小型飞行器姿态角速度估计方法,利用航拍图像中的地平线和跑道线等直线信息进行姿态角速度估计实验仿真。仿真结果表明,该方法可以对飞行器俯仰角速度、滚转角速度和偏航角速度等姿态信息进行估计,姿态角速度的估计误差与该通道的角速度正相关。针对飞行器着陆阶段的控制需求,将整个着陆阶段的控制解耦为飞行器的横向控制和纵向控制,通过提取跑道边界线计算直线稀疏光流场,之后依据摄像机模型以及光流的运动场模型,建立飞行器的横向控制系统和纵向控制系统。虚拟现实仿真结果表明本章算法可以有效地完成飞行器在进近-着陆阶段的航迹控制,被控对象可以完成对跑道中线的对准和下滑段的高度-速度控制,完全满足飞行器着陆控制的需求。

参 考 文 献

[1] 陈震. 图像光流序列计算技术及其应用. 北京:电子工业出版社,2012.

[2] Chiu C C,Lo C T. Vision-only automatic flight control for small UAVs. IEEE Transactions on Vehicular Technology,2011,60(6):2425-2437.

[3] Cornall T D,Egan G K,Price A. Aircraft attitude estimation from horizon video. Electronics Letters,2006,42(13):744,745.

[4] Grzywna J W,Jain A,Plew J,et al. Rapid development of vision-based control for MAVs through a virtual flight testbed. IEEE International Conference on Robotics and Automation, Barcelona,2005:3696-3702.

[5] 程序,郝群,宋勇,等. 基于直线模型的微型飞行器姿态角计算. 北京理工大学学报,2010, 30(7):798-802.

[6] Dusha D,Mejias L,Walker R. Fixed-wing attitude estimation using temporal tracking of the horizon and optical flow. Journal of Field Robotics,2011,28(3):355-372.

[7] Shabayek A E R,Demonceaux C,Morel O,et al. Vision based UAV attitude estimation:Progress and insights. Journal of Intelligent & Robotic Systems,2012,65(1-4):295-308.

[8] Ettinger S M,Nechyba M C. Towards flight autonomy:Vision-based horizon detection for micro air vehicles. Proceedings of the IEEE International Conference on Robotics and Automation,Washington D. C. ,2002:2134-2140.

[9] 王宇杰. 微小型飞行器基于地平线探测的图像导航研究[硕士学位论文]. 哈尔滨:哈尔滨工业大学,2004.

[10] Dusha D,Wageeh B,Rodney W. Attitude estimation for a fixed-wing aircraft using horizon detection and optical flow. Biennial Conference of the Australian Pattern Recognition Society on Digital Image Computing Techniques and Applications,Glenelg,2007:485-492.

[11] Anitha G,Kumar R N. Vision-based autonomous landing of an unmanned aerial vehicle. Procedia Engineering,2012,38(1):2250-2256.

[12] 刘小明,陈万春,邢晓岚,等. 光流控制地形跟随与自动着陆. 北京航空航天大学学报,2012,38(001):98-105.

[13] Barrows G L,Chahl J S,Srinivasan M V. Biomimetic visual sensing and flight control. Proceedings of Bristol UAV Conference,Sydney,2002:159-168.

第4章 基于张量黎曼度量的块匹配光流场计算方法及其应用

4.1 引　言

传统的基于灰度的块匹配光流场计算方法,存在三个问题:

(1) 传统算法抗噪声能力不强,计算精度不高;

(2) 传统匹配算法缺乏对图像旋转特征的描述;

(3) 传统算法不适用于大位移(大于 10 个像素)光流场计算。

为了解决上述问题,本书研究了一种基于张量黎曼度量(tensor riemannian distance,TRD)的序列图像块匹配光流场计算方法,该方法使用灰度-时空张量描述子(grayscale-space-time tensor descriptor,GSTTD)代替传统匹配方法中的灰度信息来描述图像信息,并使用基于黎曼度量的改进 Hausdorff 距离(LTS-HD)构造匹配相关函数,从而解决第一个问题;借鉴 SIFT 算法,引入主梯度方向描述图像的旋转特征,完成旋转图像特征的匹配,从而解决第二个问题;使用金字塔算法引入多分辨率搜索策略,获取大位移图像匹配光流场,从而解决第三个问题。最后的仿真结果表明,与传统灰度的块匹配光流场计算方法和基于微分的光流场计算方法相比,本章提出的算法具备抗遮挡、抗噪声的能力,可以获得更加准确和稳定的图像匹配光流场。

4.2　序列图像的灰度-时空张量描述

序列图像 $I(x,y,t)$ 可以看做一个关于 x、y 和 t 的三维张量,如图 4.1 所示,其中,x、y 两维是二维图像的空间维,t 是序列图像的时间维。对图像上任意一点,其结构张量可定义为

$$T = \begin{bmatrix} G * I_x^2 & G * I_x I_y \\ G * I_x I_y & G * I_y^2 \end{bmatrix} \tag{4.1}$$

其中,$*$ 为卷积运算;I_x 和 I_y 分别是图像在 x、y 方向的偏导数;G 是尺度为 σ 的高斯函数:

$$G = \frac{1}{2\pi\sigma^2} \exp\left(-\frac{x^2 + y^2}{\sigma^2}\right)$$

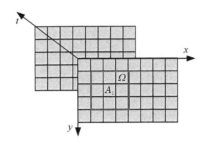

图 4.1　序列图像的张量描述

上述结构张量仅仅描述了单帧图像在梯度上的信息,联合图像灰度和图像在 x、y、t 三个维度上的梯度信息,构造结构张量:

$$T = G * ff^{\mathrm{T}} = \begin{bmatrix} G * I^2 & G * II_x & G * II_y & G * II_t \\ G * II_x & G * I_x^2 & G * I_x I_y & G * I_x I_t \\ G * II_y & G * I_x I_y & G * I_y^2 & G * I_y I_t \\ G * II_t & G * I_x I_t & G * I_y I_t & G * I_t^2 \end{bmatrix} \tag{4.2}$$

其中,$f = (I, I_x, I_y, I_t)$,I 为图像的灰度矩阵,I_x、I_y 分别是图像在 x、y 方向的偏导数。该结构张量包含了图像上任意一点的灰度和梯度信息,将其称为图像的灰度-时空张量描述子。该灰度-时空张量描述子是一个正定对称矩阵,可以构成一个黎曼流形。接下来讨论在流形上定义结构张量度量的方法。

4.3　结构张量的黎曼度量

对于图像上的每一个点,都按照形如式(4.2)的结构张量进行展开,其本身就可构成一个流形空间。结构张量间的距离度量一般不使用欧氏距离,如图 4.2 所示,灰色直线为球面上两点的直线距离,而白色曲线所示的测地线距离才是曲面上两点的最短距离。

图 4.2　欧氏距离与测地线距离

　　本书作如下约定,使用小写字母表征向量空间中的点,如 $x \in \mathbf{R}^m$,其对应流形上的点使用大写字母表示,如 $X \in M$。

　　流形是一种与欧氏空间类似的拓扑空间结构,对于一个可微流形,其上一点 X 的微分位于一个向量空间 T_X 中,T_X 是流形上过点 X 的切平面。黎曼流形就是一种可微流形,在流形上任意一点 X 的切空间中,定义内积形式为 $\langle , \rangle_X$,则可以使用内积表示切空间里切向量的模,如式(4.3)所示:

$$\| y \|^2 = \langle y, y \rangle_X \tag{4.3}$$

　　流形上两点间的最短距离曲线是测地线,流形上两点 X、Y 间的距离可以使用测地线距离 $d(X,Y)$ 来表征,设 $y \in T_X$,$X \in M$,从 X 点出发,存在唯一一条指向点 Y 的测地线 γ,其在向量空间 T_X 的投影为向量 y,使用指数映射算子(exponential mapping operator,EMO)可将切向量 y 从向量空间映射到流形空间,即

$$\exp_X : T_X \mapsto M \tag{4.4}$$

　　如图 4.3 所示,其在流形空间里的映射即为测地线的终点,则测地线的长度可写为

$$d(X, \exp_X(y)) = \| y \|_X \tag{4.5}$$

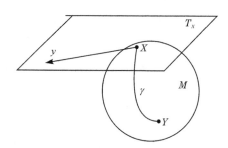

图 4.3　指数映射算子定义

　　一个 $d \times d$ 维的正定矩阵 Sym_d^+ 可以看做一个邻接黎曼流形,在 Sym_d^+ 切空间的黎曼度量可以用式(4.6)所示的内积形式描述:

$$\langle y, z \rangle_X = \mathrm{tr}(X^{-\frac{1}{2}} y X^{-1} z X^{-\frac{1}{2}}) \tag{4.6}$$

与之关联的指数映射为 $Y = \exp_X(y)$,且

$$\exp_X(y) = X^{\frac{1}{2}} \exp(X^{-\frac{1}{2}} y X^{-\frac{1}{2}}) X^{\frac{1}{2}} \tag{4.7}$$

其逆运算被称为对数映射,记为 $y = \log_X(Y)$:

$$\log_X(Y) = X^{\frac{1}{2}} \ln(X^{-\frac{1}{2}} Y X^{-\frac{1}{2}}) X^{\frac{1}{2}} \tag{4.8}$$

　　对形如 $\Sigma = UDU^{\mathrm{T}}$ 的对称矩阵,上述指数算子和对数算子可以按照式(4.9)和式(4.10)进行计算:

$$\exp(\Sigma) = \sum_{k=0}^{\infty} \frac{\Sigma^k}{k!} = U \exp(D) U^{\mathrm{T}} \tag{4.9}$$

其中,exp(D)是特征值指数的对角矩阵。

同样地

$$\ln(\Sigma) = \sum_{k=1}^{\infty} \frac{(-1)^{k-1}}{k}(\Sigma - I)^k = U\ln(D)U^T \qquad (4.10)$$

记 $d(X,Y)$ 为流形上 X、Y 间的测地线长度,将式(4.3)、式(4.5)、式(4.8)代入式(4.6),有

$$\begin{aligned}
d^2(X,Y) &= \parallel y \parallel_x^2 = \langle y, y \rangle_x \\
&= \langle \ln_X(Y), \ln_X(Y) \rangle_X \\
&= \mathrm{tr}(\ln^2(X^{-\frac{1}{2}}YX^{-\frac{1}{2}}))
\end{aligned} \qquad (4.11)$$

式(4.11)又可写成

$$d(X,Y) = \sqrt{\sum_{i=1}^{n} \ln^2 \lambda_i(X,Y)} \qquad (4.12)$$

其中,$\lambda_i(X,Y)$ 是 X、Y 的联合特征值,可以通过求解 $|\lambda X - Y| = 0$ 来获得。到此,即获得结构张量的黎曼度量形式。

4.4　基于改进 Hausdorff 黎曼度量的匹配准则

4.4.1　模型建立

基于灰度模式的匹配法需要构造相关性函数。传统基于灰度的匹配使用式(4.13)作为相关性函数:

$$C = \frac{\sum_{x=1}^{M} \sum_{y=1}^{N}(f(x,y) - \bar{f}) \times (g(x,y) - \bar{g})}{\sqrt{\sum_{x=1}^{M} \sum_{y=1}^{N}(f(x,y) - \bar{f})^2 \times \sum_{x=1}^{M} \sum_{y=1}^{N}(g(x,y) - \bar{g})^2}} \qquad (4.13)$$

其中,$\bar{f}$ 是模板的灰度平均值;$\bar{g}$ 为待匹配图像的灰度平均值;$f(x,y)$ 是模板图像的灰度分布函数;$g(x,y)$ 是待匹配图像的灰度分布函数。根据正规化匹配结果,当两幅图像完全一致时,相关系数 C 为 1,反之为 -1。

如前所述,当图像中有遮挡和噪声时,基于灰度信息的匹配往往会产生较大误差。为了解决这个问题,引入 Hausdorff 距离来构造相关性函数。

对给定的两个点集 $T = \{t_1, t_2, \cdots, t_n\}$ 和 $P = \{p_1, p_2, \cdots, p_m\}$,$T$ 和 P 两个点集间的经典 Hausdorff 距离定义为

$$H(T,P) = \max(h(T,P), h(P,T)) \qquad (4.14)$$

其中

$$h(T,P) = \max_{t_i \in T} \min_{p_j \in P} \parallel t_i - p_j \parallel \qquad (4.15)$$

$$h(P,T) = \max_{p_j \in P} \min_{t_i \in T} \| p_j - t_i \| \tag{4.16}$$

$\| \cdot \|$ 是距离范数。$h(T,P)$ 和 $h(P,T)$ 分别称为前向和后向 Hausdorff 距离。

经典 Hausdorff 距离的问题在于对干扰非常敏感,当两个点集中时,即使有一点(又称为外点)相差较大,也会带来比较大的计算误差,为了增强算法的鲁棒性,Huttenlocher 提出部分 Hausdorff 距离的概念,又称为 CHD 算法。

令 $d_t(p) = \min\limits_{p_j \in P} \| t_i - p_j \|$,$d_p(t) = \min\limits_{t_i \in T} \| p_j - t_i \|$,则

$$h_k(T,P) = K^{\text{th}}_{t_i \in T}(d_t(p)) \tag{4.17}$$

$$h_k(P,T) = K^{\text{th}}_{p_j \in P}(d_p(t)) \tag{4.18}$$

其中,$K^{\text{th}}_{t_i \in T}$ 和 $K^{\text{th}}_{p_j \in P}$ 是两个排序函数,其返回值为升序排列的数据序列 $d_t(p)$ 和 $d_p(t)$ 的第 K_{th} 值。设数据序列长度为 N_A,K 需要满足

$$f = \frac{K}{N_A} \in (0,1] \tag{4.19}$$

当 $f=1$ 时,式(4.17)、式(4.18)退化成经典 Hausdorff 距离形式。

另一种思路是构建罚函数来清除可能的外点,被称为 MHD 算法。将式(4.15)和式(4.16)改写成如下形式:

$$h_M(T,P) = \frac{1}{N_A} \sum_{N_A} \chi(d_t(p)) \tag{4.20}$$

$$h_M(P,T) = \frac{1}{N_A} \sum_{N_A} \chi(d_p(t)) \tag{4.21}$$

其中,$\chi(\cdot)$ 是罚函数:

$$\chi(t) = \begin{cases} |t|, & |t| \leqslant \tau \\ \tau, & |t| > \tau \end{cases} \tag{4.22}$$

将 CHD 和 MHD 算法结合起来,构造 Hausdorff 距离如式(4.23)和式(4.24)所示:

$$h_{\text{LTS}}(T,P) = \frac{1}{H} \sum_{i=1}^{H} d_t(p) \tag{4.23}$$

$$h_{\text{LTS}}(P,T) = \frac{1}{H} \sum_{i=1}^{H} d_p(t) \tag{4.24}$$

该算法称为 LTS-HD 算法。其中,类似于部分 Hausdorff 距离,$H = f * N_A$,$f \in (0,1]$,表征了升序排列的数据序列 $d_t(p)$ 和 $d_p(t)$ 前 H 个值。同样地,当 $f=1$ 时,式(4.23)和式(4.24)退化成 MHD 算法。

LTS-HD 算法相比 CHD 和 MHD 算法,具有更高的匹配鲁棒性和匹配精度,因此选用 LTS-HD 算法来描述点集的 Hausdorff 距离。

图 4.4 展示了匹配算法中待匹配图像 P 和模板 T 的关系,此处模板选用 3×3 的大小。由式(4.23)和式(4.24),匹配相关性函数可构造为

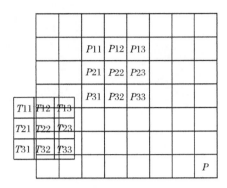

图 4.4　待匹配图像与模板关系

$$
\begin{aligned}
C_M &= H_{\text{LTS}}(T, P) \\
&= \max(h_{\text{LTS}}(T, P), h_{\text{LTS}}(P, T)) \\
&= \frac{\max\left(\sum_{i=1}^{H} d_t^M(p), \sum_{i=1}^{H} d_p^M(t)\right)}{H}
\end{aligned}
\tag{4.25}
$$

式(4.25)即为 LTS-HD 黎曼度量的匹配相关函数。其中,各个像素点使用结构张量来表征,d^M 是张量的黎曼度量,则式(4.25)可以写成

$$
\begin{aligned}
C_M &= \frac{\max\left(\sum_{i=1}^{H}\sum_{m,n}\min_{p_j \in P}\| t_{m,n} - p_{i,j}\|_M, \sum_{i=1}^{H}\sum_{m,n}\min_{t_{i,j} \in T}\| p_{m,n} - t_{i,j}\|_M\right)}{H} \\
&= \frac{\max\left[\sum_{i=1}^{H}\sum_{m,n}\min_{p_j \in P}\sqrt{\sum_{i=1}^{n}\ln^2\lambda_i(t_{m,n},p_{i,j})}, \sum_{i=1}^{H}\sum_{m,n}\min_{t_{i,j} \in T}\sqrt{\sum_{i=1}^{n}\ln^2\lambda_i(t_{m,n},p_{i,j})}\right]}{H}
\end{aligned}
$$

$$
\tag{4.26}
$$

其中,$t_{m,n}$ 和 $p_{i,j}$ 分别是模板和待匹配图像上像素点的结构张量。

4.4.2　性能仿真测试

以图 4.5 为例测试该匹配算法的性能,其为机场跑道序列的第 36 帧图像,大小为 512×640。图 4.6 为第 35 帧图像上截取的模板,大小为 100×100,$f=0.6$。

依据黎曼度量下的匹配准则,可得到图像匹配结果如图 4.7 所示,其中正方形区域为模板匹配区域。

在抗噪测试中,对待匹配图像分别添加均值为 0,方差分别为 0.001、0.01 和 0.05 的高斯噪声,测试不同噪声水平下算法的匹配结果,如图 4.8 所示。

图 4.5　待匹配图像(第 36 帧)　　　　图 4.6　匹配模板(截取自第 35 帧)

图 4.7　本书所述匹配算法获得的匹配结果

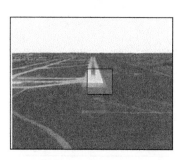 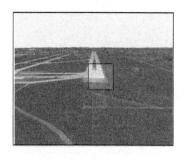

(a) 高斯噪声, $E=0,D=0.001$　　　　(b) 高斯噪声, $E=0,D=0.01$

 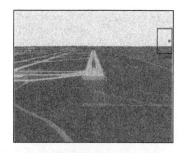

(c) 高斯噪声, $E=0,D=0.05$　　　　(d) 高斯噪声, $E=0,D=0.05$

图 4.8　本匹配算法在不同噪声水平下的匹配结果

图 4.8(a)~(c)为本书匹配算法在不同噪声水平下的匹配结果,图 4.8(d)为传统算法的匹配结果,对比图 4.8(c)和(d),在 $D=0.05$ 的噪声环境下,基于灰度的匹配算法已经失效,发生误匹配,而本书所述算法依然有效。从上述仿真可知,本书所述匹配算法与传统的基于灰度的匹配算法相比,在噪声环境下有更好的鲁棒性。

在遮挡测试中进一步进行遮挡测试。对待匹配区域增加星形遮挡,遮挡区域大小为长宽各为 80 像素的星形区域,如图 4.9(a)所示,使用本书算法获得的匹配结果如图 4.9(b)所示。

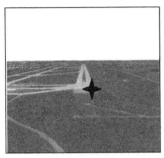

(a) 有遮挡的图像　　　　　　　(b) 障碍物匹配结果

图 4.9　带遮挡图像与匹配结果

同样使用传统基于灰度的匹配算法对图 4.9(a)进行匹配,得到匹配结果如图 4.10 所示。

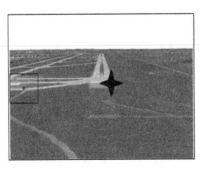

图 4.10　使用基于灰度的匹配方法获得的误匹配结果

通过图 4.9 和图 4.10 的对比可以看出,本书所述算法与传统基于灰度的匹配方法相比具有一定的抗遮挡性能。但这种性能并不是没有极限,随着遮挡区域的扩大,仍有可能出现误匹配的情况。

使用机场跑道图像序列,测试灰度匹配算法、CHD 匹配方法、MHD 匹配方法和本书所述算法,测试帧数为 900 帧,定义匹配中心与实际中心距离小于 5 像素为正确匹配,则上述算法的正确匹配率如表 4.1 所示。

表 4.1　各匹配算法的匹配正确率　　　　　　（单位:%）

图像	本章算法	灰度匹配算法	CHD算法	MHD算法
正常图像	98.6	97.1	97.3	97.4
添加噪声($\delta=0.05$)	94.5	77.1	90.3	89.7
添加遮挡(80×80 星星区域)	91.2	62.2	87.9	84.1

由表 4.1 可以看出,传统基于灰度的匹配方法受到噪声和遮挡影响都很大,经过本书算法改进后,匹配正确率得到了提高。

4.5　图像旋转的描述

图像在旋转时会导致几何结构发生变化,传统基于灰度的匹配光流场计算方法并不适合在这种情况下进行计算。LTS-HD 距离解决了模板匹配中由于遮挡和噪声引起的误匹配问题,但式(4.26)的匹配准则并不包括序列图像旋转的情况,因此需要对图像进行旋转的描述。

帧间运动可以分解成平移、旋转和小幅度的缩放变换,考虑到摄像机帧率很高,两帧图像间的差别很小,因此只考虑平移和旋转两种运动对匹配造成的影响。

对于序列图像而言,利用刚体变换模型进行相邻帧之间的运动估计,可以使用形如式(4.27)的参数模型:

$$\begin{bmatrix} \hat{x} \\ \hat{y} \end{bmatrix} = \begin{bmatrix} \cos\theta & \sin\theta \\ -\sin\theta & \cos\theta \end{bmatrix} \begin{bmatrix} x-x_0 \\ y-y_0 \end{bmatrix} + \begin{bmatrix} t_x \\ t_y \end{bmatrix} \tag{4.27}$$

其中,θ 是两帧间的旋转角度参数;t_x、t_y 是两帧间的平移参数;$\begin{bmatrix} x_0 \\ y_0 \end{bmatrix}$ 是旋转中心。

参考 SIFT 描述子建立的思想,利用图像梯度信息,构建匹配模板的梯度方向直方图,从而估计模板相对匹配图像的旋转角。以模板中心为圆心,选择一定大小的圆形邻域,圆的旋转不变性可以保证旋转后落入该区域的像素点不变;统计邻域内各个像素点的梯度方向和幅度,如式(4.28)所示:

$$\begin{cases} M_{i,j} = \sqrt{I_x^2 + I_y^2} \\ \theta_{i,j} = \arctan\left(\dfrac{I_x}{I_y}\right) \end{cases} \tag{4.28}$$

同样,类似于 SIFT 描述子,将 $[0,2\pi)$ 均分为 12 等份,将邻域内的所有像素按照梯度方向映射到 12 等份中,即可得到匹配模板的梯度方向直方图。图 4.11(a)

展示圆形邻域的选取,在该邻域内按式(4.28)进行计算,可得图 4.11(b)所示的梯度方向直方图。在该梯度直方图中,将直方图的峰值作为该邻域的方向,如果在直方图中同时存在另一个值,相当于主峰能量的 80%,则将该方向定为邻域的辅方向。

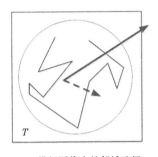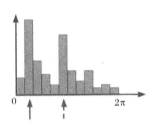

（a）模板图像中的邻域选择　　　　（b）圆形邻域的梯度方向直方图

图 4.11　梯度方向直方图计算与主梯度方向确定

这样,就可以对模板和待匹配图像的方向特征进行描述。在进行匹配之前,首先检测待匹配图像和模板的梯度主方向是否相同,若相同,则认为没有发生旋转,可以直接使用式(4.26),若不同,则需要先将待匹配图像旋转变换至与模板梯度主方向相同,方可继续匹配。通过上述操作,保证本匹配算法可以应用于旋转图像。

将机场跑道序列的第 36 帧图像逆时针旋转 15°,作为待匹配图像,如图 4.12(a)所示;图像模板仍使用图 4.11(a)所示模板,如图 4.12(b)所示,本测试算例旨在测试算法在旋转不变性方面的性能。

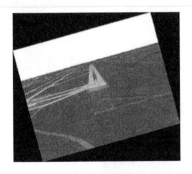

（a）待匹配图像　　　　　（b）匹配模板(100×100)

图 4.12　逆时针旋转 15°的待匹配图像和匹配模板

按照式(4.28)所示的算法,在匹配模板划定圆形邻域,并计算梯度方向的向量图,如图 4.13(a)所示,模板圆形邻域内的梯度方向直方图如图 4.13(b)所示。

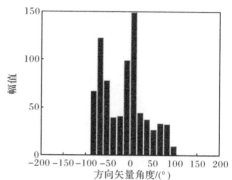

（a）模板邻域内的梯度方向向量　　　　　（b）模板邻域内的梯度方向向量幅值直方图

图 4.13　模板邻域内的梯度方向向量及其直方图

由图 4.13(b)可知,匹配模板的主梯度方向在$[0°,15°]$内,副梯度方向则分布在$[-75°,-60°]$内。可以注意到,这两个主梯度方向主要是由邻域中四条边缘产生的。

按照一般的匹配算法,搜索图像邻域并逐块匹配。不失一般性地,取跑道附近待匹配区块,大小与匹配模板相同,均为 $100×100$,如图 4.14 所示。同样,在其上划定圆形邻域并计算梯度方向向量,如图 4.15(a)所示,图 4.15(b)是待匹配区块邻域内梯度方向向量幅值的直方图。

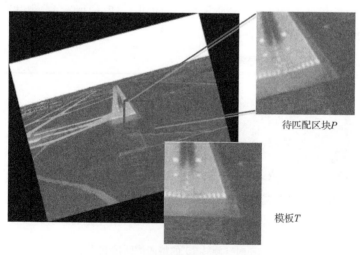

图 4.14　旋转图像中的待匹配区块($100×100$)

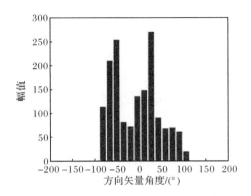

(a) 待匹配区块邻域内的梯度方向向量　　　(b) 待匹配区块邻域内的梯度方向向量幅值直方图

图 4.15　待匹配区块邻域内的梯度方向向量及其直方图

由图 4.15(b) 可知,匹配模板的主梯度方向在 $[15°, 30°]$ 内,副梯度方向则分布在 $[-60°, -45°]$ 内,即相当于待匹配区块与模板发生一个逆时针 $15°$ 的旋转运动,则在此处只需要将模板进行 $15°$ 的旋转补偿,即可继续使用式 (4.26) 所示的匹配准则进行匹配运算,匹配结果如图 4.16 所示。

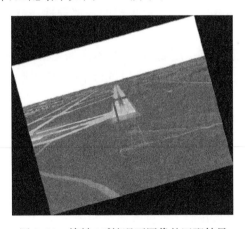

图 4.16　旋转 $15°$ 情况下图像的匹配结果

4.6　多分辨率搜索策略

搜索策略是运动估计算法最关键也是最复杂的部分,它的选择对运动估计的准确性、运动估计的速度都有很大影响。当在图像中出现大位移物体时,需要设计搜索算法,使块匹配可以适配于多尺度图像,从而解决大位移情况下的光流计算问题。

使用多分辨率策略,通过引入金字塔算法来解决这个问题。即在不同分辨率的图像层次生成不同大小的网格,让算法从分辨率低的网格层次向分辨率高的网格层次逐级求解。在分辨率低的层次,能够得到位移中数值较大的分量并判断出速度的大致方向;在高分辨率的层次,能够进一步细化位移中的精细分量,指出精确的速度方向。

金字塔策略采用的是一组图像,序列的最顶层是一幅 $m \times n$ 的图像,其后各个层次的分辨率分别是 $(2^{k-1}m) \times (2^{k-1}n)$,其中 k 是层数。最顶层的层数为1,最底层为 K,则原始图像的分辨率为 $(2^{K-1}m) \times (2^{K-1}n)$,上一层次的图像是下一层次图像按照1/4缩小的结果。下面简述金字塔的算法策略。

(1)构造金字塔图像组:将图像存储在金字塔的最底层,采用合适的作用算子自底而上地构建各层的图像。设第 k 层的像素为 $I_k(i,j)$,则缩小图像的作用算子可写成

$$I_k(i,j) = g(I_{k-1}(2i,2j), I_{k-1}(2i+1,2j), I_{k-1}(2i,2j+1), I_{k-1}(2i+1,2j+1))$$
(4.29)

其中,$g(\cdot)$ 表示作用算子。

(2)使用本书所述光流算法从最顶层向最底层逐级计算光流场分布,记第 k 层计算的速度为 $q_k(i,j)$。

(3)利用上一层的计算速度 $q_k(i,j)$ 对图像场上的 $I_{k-1}(2i,2j)$、$I_{k-1}(2i+1, 2j)$、$I_{k-1}(2i,2j+1)$ 及 $I_{k-1}(2i+1,2j+1)$ 进行平移,从而形成该层的剩余光流场,代入第(2)步求解。

(4)令

$$q(i,j) = \sum_{k=1}^{K} q_k \left(\frac{i}{2^{k-1}}, \frac{j}{2^{k-1}} \right) \times 2^{k-1}$$
(4.30)

即为该层光流场。

在每一层图像中,对每一个待匹配的块,首先计算其梯度方向向量及其直方图,确定主梯度方向,之后按照主梯度方向旋转搜索块,并根据式(4.26)匹配准则计算匹配度,直至找出匹配块,计算出运动位移,所得运动位移即为当前块的运动矢量,除以帧间时间间隔,即为该层的匹配光流场。多分辨率匹配光流场的计算原理如图4.17所示。

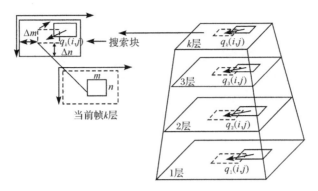

图 4.17　多分辨率匹配光流计算原理图

4.7　块匹配光流场算例与分析

4.7.1　计算精度分析

源图像采用 Yosemite 序列的第 1 帧和第 2 帧图像,如图 4.18 所示,图像尺寸为 320×240。在图像序列中,左下侧的山谷在向外侧做扩张运动,上方的乌云在向右侧做平移运动,同时伴随比较剧烈的光照变化。

(a) 第 1 帧　　　　　　　　　　　　(b) 第 2 帧

图 4.18　测试使用的 Yosemite 序列

在配备 Intel Core P8750 处理器的计算机上,MATLAB2012b 平台下,使用本书所述算法,进行光流场计算。分别选用 8×8、16×16 和 32×32 的模板进行匹配计算,得到的基于灰度-时空张量的匹配光流场如图 4.19(a)～(c)所示。

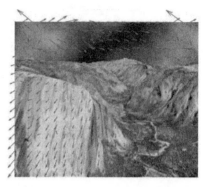

（a）使用 32×32 模板获得的光流场　　　　　（b）使用 16×16 模板获得的光流场

（c）使用 8×8 模板获得的光流场　　　　　（d）标准光流场

图 4.19　使用本书算法获得的匹配光流场

　　同样，使用式（4.26）所示的算法，对图 4.19 中各点的计算误差进行分析，计算图 4.19（a）～（c）所示光流场相对图 4.19（d）所示标准光流场的平均角误差（RAAE）和相对标准差（RSTD），统计其计算时间，如表 4.2 所示。

表 4.2　使用本书算法计算 Yosemite 序列光流场误差对比

模板大小	RAAE/(°)	RSTD/(°)	计算时间/s
32×32	13.5708	15.8954	0.0872
16×16	9.3572	9.6742	0.4371
8×8	7.7491	9.4437	0.7771

　　由表 4.2 可以看出，随着匹配模板尺度的减小，光流场的总体计算精度会得到提高，当匹配模板为 16×16 和 32×32 时，在图像的下方可以获得比较理想的光流场，但在图像左上的光照突变区域，计算误差比较大，当模板减小后，左上区域的光流场精度有了一定的提高，说明小模板具有一定的抗光照突变能力，但模板

的减小带来了计算时间长的问题。

作为对比,分别使用几种传统算法,使用 HS 算法和 LK 算法计算全局光流场,同时使用式(4.26),计算了基于灰度的块匹配光流场,模板大小为 8×8,光流场计算结果如图 4.20(a)~(c)所示。

(a) HS 算法获得的光流场

(b) LK 算法获得的光流场

(c) 基于灰度的块(8×8)匹配光流场

图 4.20　几种其他方法获得的光流场

与标准光流场相对比,这几种方法的误差和计算时间如表 4.3 所示。

表 4.3　传统算法计算 Yosemite 序列光流场误差对比

算法	RAAE/(°)	RSTD/(°)	计算时间/s
HS 算法	27.0719	27.0882	2.5619
LK 算法	15.8962	17.6449	0.7674
基于灰度的块匹配算法	19.3687	22.5992	0.6452

从上述仿真结果可以看出,相比传统的微分方法和基于灰度的匹配方法,本书提出的方法在精度和计算时间上都具有一定的优势,同时具有一定的光照变化适应性,在工程应用中,可以考虑采用 16×16 或 32×32 等较大匹配模板,可以在计算精度和计算效率方面获得一种折中。

4.7.2　抗噪声能力分析

基于灰度-时空张量描述的图像相比于传统基于灰度描述的图像,在抗噪声性能方面具有一定的鲁棒性,此处对图 4.18 所示的图像序列添加高斯噪声,测试其在噪声环境下的计算精度。待测试图像序列如图 4.21 所示,共分为 3 组,分别添加均值为 0,方差为 0.01、0.05 和 0.1 的高斯白噪声。

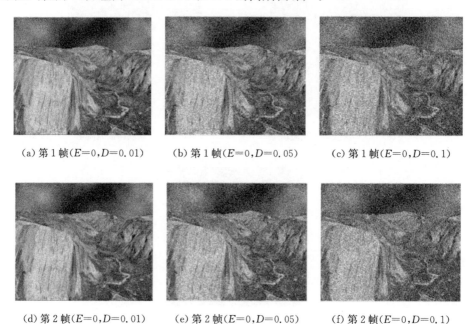

(a) 第 1 帧($E=0,D=0.01$)　　(b) 第 1 帧($E=0,D=0.05$)　　(c) 第 1 帧($E=0,D=0.1$)

(d) 第 2 帧($E=0,D=0.01$)　　(e) 第 2 帧($E=0,D=0.05$)　　(f) 第 2 帧($E=0,D=0.1$)

图 4.21　不同噪声水平下的图像序列

使用本书所述的算法,计算上述三种情况下的光流场,匹配模板选用 16×16,和 8×8,计算结果如图 4.22 和图 4.23 所示。

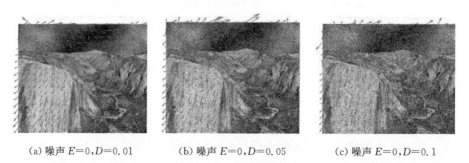

(a) 噪声 $E=0,D=0.01$　　　(b) 噪声 $E=0,D=0.05$　　　(c) 噪声 $E=0,D=0.1$

图 4.22　16×16 模板下本书算法获得的不同噪声水平下的匹配光流场

(a) 噪声 $E=0, D=0.01$

(b) 噪声 $E=0, D=0.05$

(c) 噪声 $E=0, D=0.1$

图 4.23　8×8 模板下本书算法获得的不同噪声水平下的匹配光流场

同样，与标准光流场相对比，统计上述结果的误差指标，如表 4.4 所示。

表 4.4　本书算法在不同误差水平下的计算精度

模板大小	噪声等级	RAAE/(°)	RSTD/(°)
	$E=0, D=0.01$	12.7468	14.0546
16×16	$E=0, D=0.05$	17.8197	19.8360
	$E=0, D=0.1$	28.1180	31.8360
	$E=0, D=0.01$	10.3567	12.8603
8×8	$E=0, D=0.05$	14.2111	16.7003
	$E=0, D=0.1$	19.2960	22.9107

由图 4.22、图 4.23 和表 4.4 的仿真结果可以发现，本书提出的算法在误差水平为 $E=0$、$D=0.01$ 时，可以获得较好的计算效果；当误差水平进一步加大时，采用较大的匹配模板在光照突变部分会有较大的误差，但在图像下部光照比较均匀的部分，可以获得比较准确的光流场；采用小匹配模板则相反，在光照变化剧烈的地方精度较高，但在图像下部误差相对较大。这种情况是由大尺寸模板对噪声的鲁棒性更强，但对光照变化较为敏感造成的。

作为对比，同样使用 HS 算法、LK 算法和基于灰度的块匹配对图像序列进行计算，噪声水平为 $E=0$ 和 $D=0.01$，获得光流场如图 4.24 所示，与标准光流场相比，其计算误差如表 4.5 所示。

(a) HS算法(噪声 $E=0, D=0.01$)

(b) LK算法(噪声 $E=0, D=0.01$)

(c) 块(8×8)匹配算法(噪声 $E=0,D=0.01$)

图 4.24　其他算法获得的噪声环境下的光流场

表 4.5　传统算法计算 Yosemite 序列光流场误差对比(噪声 $E=0,D=0.01$)

算法	RAAE/(°)	RSTD/(°)
HS 算法	41.0017	39.4745
LK 算法	27.8962	26.1295
基于灰度的块(8×8)匹配算法	39.1130	36.8285

综上可以看出,本书提出的算法在噪声环境下,相比传统的光流算法,具有更高的计算精度,即使采用 32×32 的模板,在光照变化不剧烈的区域,也有不错的计算结果。

4.7.3　旋转图像光流场计算

使用过山车序列来测试本算法计算旋转图像光流场的精度,其中第 135～138 帧图像序列如图 4.25 所示,视场顺时针转动。

(a) 第 135 帧　　　　(b) 第 136 帧　　　　(c) 第 137 帧　　　　(d) 第 138 帧

图 4.25　过山车序列测试图像

选取模板大小为 32×32,计算图像序列的光流场如图 4.26 所示,该光流场计算结果较好地描述了视场中物体的运动趋势。

(a) 第135帧和第136帧间光流　　(b) 第136帧和第137帧间光流　　(c) 第137帧和第138帧间光流

图4.26　本书算法得到的旋转图像光流场(模板尺寸32×32)

4.7.4 大位移光流场计算

在飞行器或移动机器人视觉控制和导航领域,平台本身的机动特性,使图像中的特征很多时候呈现出大位移的运动特性。因此,算法的设计需要考虑在大位移情况下的光流场计算性能。

为了提升本算法在大位移情况下的适应性,在匹配的搜索策略中引入金字塔算法,使图像的匹配具有多分辨率的能力。现就其大位移情况下的计算性能进行测试,测试序列选用一组航拍视频的第34～37帧,如图4.27所示,右侧和下方山体以及林木呈向图像外扩张的趋势。

(a) 第34帧　　　　(b) 第35帧　　　　(c) 第36帧　　　　(d) 第37帧

图4.27　测试图像序列

选取匹配模板大小为32×32,计算图像序列的光流场如图4.28所示,光流场能较好地描述图像中物体的运动趋势。

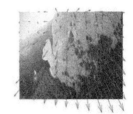

(a) 第34帧和第35帧间光流　　(b) 第35帧和第36帧间光流　　(c) 第36帧和第37帧间光流

图4.28　本书方法得到的大位移图像序列匹配光流场(模板尺寸32×32)

4.8　基于改进光流场的运动目标检测

4.8.1　目标检测算法设计指标分析

目标检测是微小型飞行器视觉制导系统的组成部分之一,主要包括成像、图像采集模块以及目标检测算法的设计,图像质量与目标检测算法的好坏都是影响因素。图像的质量主要依赖于成像装置以及图像传输设备的具体性能参数,在摄像头及图传设备的性能参数确定之后,目标检测的性能就取决于目标检测算法的设计,需要根据具体的需求,分析目标检测算法的性能指标。

本书依托具体项目对实际指定目标的制导打击需求,在完成对硬件设备的选型后,对目标检测算法设计的性能指标进行分析和计算。项目对目标检测的需求为能够检测到200m内最小尺寸为3m的车辆或其他特征目标。

设目标的最小尺寸为A,目标的最小尺寸上覆盖的像素个数为n,目标最小尺寸对应摄像头的张角为α,图像传感器垂直像素和水平像素分别为N_V和N_H,镜头焦距为f,视场角分别为θ_V和θ_H,L_1为探测到目标时与成像系统的距离。则根据成像模型有如下关系:

$$\alpha = \frac{A}{L_1}(\mathrm{rad})$$

$$n = \frac{\alpha N}{\theta}$$

表4.6给出具体需求、成像装置的性能参数,将上述具体参数代入上式中,可以得到在最远检测距离上目标最小尺寸在图像上所占的像素个数。

表 4.6　目标检测具体参数及目标检测算法设计指标

目标参数		成像装置参数		目标检测算法的设计指标
目标最小尺寸	最远检测距离	分辨率	视场角	最远距离时目标最小尺寸在图像中占的像素个数
3m	200m	1920×1080	64°×36°	30 个

由以上分析可知,要达到实际的应用需求,所设计的目标检测算法至少能够完成对图像中所占像素个数为30×30及以上的目标车辆进行有效检测。

4.8.2　基于光流的运动目标检测算法总体框架

利用改进块匹配光流计算方法,可以得到序列图像的块匹配光流场,但是对于大多数无人飞行器所获取的视频序列图像来说,由于摄像机会随飞行器运动,形成背景区域的全局运动,图像平面中前景目标的局部运动为全局运动和目标自身运动的合成,而这类视频序列图像中,目标尺寸相对于背景来说比较小,背景的全局运动对目标检测造成了进一步的干扰,因此,直接利用上述块匹配光流算法,并不能有效地进行运动目标检测。要利用光流法实现无人飞行器视频序列中运动目标的检测,首先应消除背景区域的全局运动矢量的影响。因此,本书通过引入摄像机运动参数模型,利用块匹配光流算法所估计出的运动矢量来求解模型参数,对图像中背景区域的全局运动进行估计和补偿,以消除背景运动的影响。利用非监督的矢量量化方法对光流矢量进行聚类,找到图像中的运动兴趣区,在兴趣区完成前景目标区域的分割检测和提取。算法具体的流程图如图 4.29 所示,其中具体算法用矩形框表示,圆角矩形表示算法得到的数据。

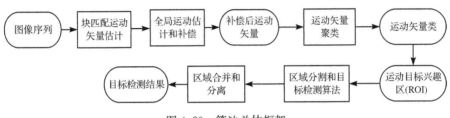

图 4.29　算法总体框架

4.8.3　全局运动估计和运动补偿

视频序列图像一般由背景和前景组成。前景区域一般指包含感兴趣的运动目标的区域,背景区域一般指周围环境。当摄像机运动时,图像中会存在两种运动:一种是由摄像机运动导致的背景区域的全局运动,另一种是图像中前景目标相对于背景的局部运动。因此,背景的全局运动估计可以转化为求解摄像机的运动模型参数。通过对摄像机运动模型参数的正确估计,可以计算图像中像素点的全局运动分量,从而对图像的全局运动进行补偿,以去除摄像机运动对图像的影响。

1. 摄像机的运动参数模型

摄像机的运动主要有三类:平移、旋转和缩放。不同的运动组合可以用不同的参数模型进行描述。实际应用中,根据不同的摄像机运动组合提出了一些简化参数模型。下面对几种典型的运动参数模型进行介绍。

1) 平移模型

$$\begin{cases} x' = a_0 \\ y' = b_0 \end{cases}$$

这个模型假设摄像机运动导致的图像运动只包含平移运动参数,因此只适用于摄像机只发生平移运动的场景。

2) 四参数模型

$$
\begin{cases}
x' = a_0 + a_1 x + a_2 y \\
y' = a_3 - a_2 x + a_1 y
\end{cases}
$$

这个模型中,可以描述的摄像机运动主要为平移、缩放、单个方向旋转运动及其组合。参数 a_0、a_3 是与摄像机平移运动有关的参数,a_1、a_2 则是与缩放和旋转运动有关的参数。

3) 六参数仿射模型

$$
\begin{cases}
x' = a_0 + a_1 x + a_2 y \\
y' = a_3 + a_4 x + a_5 y
\end{cases}
$$

这个模型假设由摄像机运动形成的图像运动符合仿射变换,其中 a_0 和 a_3 是与摄像机平移运动有关的参数,a_1、a_2、a_4、a_5 为与缩放、旋转运动有关的参数。

4) 八参数投影模型

$$
\begin{cases}
x' = \dfrac{a_0 + a_1 x + a_2 y}{a_7 x + a_8 y + 1} \\[2mm]
y' = \dfrac{a_3 + a_4 x + a_5 y}{a_7 x + a_8 y + 1}
\end{cases}
$$

八参数运动模型相比较六参数运动模型可以更加准确地估计图像的全局运动,但相应地提高了运动估计算法的难度和计算量。

对于机载摄像机而言,摄像机的运动所形成的图像运动主要包括旋转、平移以及由向前移动时造成的缩放,因此综合考虑准确性和计算复杂度,本书选用线性六参数仿射模型来估计图像的全局运动。

2. 模型参数估计

为了估计摄像机运动的六参数仿射模型中的运动参数,采用上参考帧与搜索帧之间匹配块对来求解。假设已经获得了两帧图像中的 n 个匹配块对,使用块的中心点来代表每一个块,这样就获得了两帧图像中的 n 个点对:

$$
(x_k, y_k) \rightarrow (x_k', y_k'), \quad k = 1, 2, \cdots, n \tag{4.31}
$$

根据仿射运动模型可以写成

$$
\begin{bmatrix} x_k' \\ y_k' \end{bmatrix} = \begin{bmatrix} a_1 & a_2 \\ a_4 & a_5 \end{bmatrix} \begin{bmatrix} x_k \\ y_k \end{bmatrix} + \begin{bmatrix} a_0 \\ a_3 \end{bmatrix}, \quad k = 1, 2, \cdots, n \tag{4.32}
$$

将 n 个点对都代入仿射运动模型,写成方程组的形式为

$$
\begin{bmatrix} x_1 & x_2 & \cdots & x_n \\ y_1 & y_2 & \cdots & y_n \\ 1 & 1 & \cdots & 1 \end{bmatrix}^{\mathrm{T}} \begin{bmatrix} a_1 & a_2 \\ a_4 & a_5 \\ a_0 & a_3 \end{bmatrix} = \begin{bmatrix} x_1' & x_2' & \cdots & x_n' \\ y_1' & y_2' & \cdots & y_n' \end{bmatrix}^{\mathrm{T}} \tag{4.33}
$$

令

$$A = \begin{bmatrix} x_1 & x_2 & \cdots & x_n \\ y_1 & y_2 & \cdots & y_n \\ 1 & 1 & \cdots & 1 \end{bmatrix}^{\mathrm{T}} \tag{4.34}$$

$$B = \begin{bmatrix} x_1' & x_2' & \cdots & x_n' \\ y_1' & y_2' & \cdots & y_n' \end{bmatrix}^{\mathrm{T}} \tag{4.35}$$

$$X = \begin{bmatrix} a_1 & a_2 \\ a_4 & a_5 \\ a_0 & a_3 \end{bmatrix} \tag{4.36}$$

则匹配点对数大于 3 时，即可以利用最小二乘法计算得到 6 个运动参数：

$$X = (A^{\mathrm{T}}A)^{-1}A^{\mathrm{T}}B \tag{4.37}$$

在实际应用中，对图像进行分块后的图像块有三类：背景块、目标块以及同时包含目标和背景的临界块。临界块和目标块的运动并不符合摄像机的运动模型，如果在估计全局运动参数过程中加入了临界块和目标块，会影响全局运动模型参数的准确性。而且，在图像平坦区域可能会出现误匹配的情况。因此，在估计运动参数时，需要剔除这些块的影响，使模型参数更加接近真实值。

这里采用线性迭代最小二乘法来排除这些错误运动矢量。具体步骤如下：

（1）将图像划分成 16×16 的小块，计算出每个块的运动矢量，利用式（4.33）和式（4.37）计算出全局运动模型参数的初值；

（2）将每个匹配块的中心点坐标代入当前估计的全局运动模型，求取每个块的运动矢量，计算模型估计的运动矢量与算法所得的运动矢量间的残差，并计算所有块运动矢量的残差平均值；

（3）剔除块运动矢量残差大于残差均值的图像子块，利用剩下的块运动矢量重新估计全局运动模型参数；

（4）重复（2）和（3），直到剔除所有残差较大的运动矢量为止，此时得到迭代最小二乘法最终全局运动模型的估计参数。

3. 全局运动补偿

基于上述算法可以得到准确的摄像机六参数仿射运动模型，将参考帧图像中的每一像素点坐标 (i, j) 代入运动模型进行变换，得到新的坐标 (i', j')，然后将当前帧中坐标为 (i', j') 的像素点的像素值映射给像素点 (i, j)。由于利用运动模型变换得到的新坐标不一定恰好在整像素点，因此需要对该点处的像素值进行插值处理，这里采用双线性插值法进行处理。参考帧图像经过全局运动参数模型变换和双线性插值处理后，即完成了全局运动补偿，得到了与当前帧背景对齐的预测图像。在利用全局运动估计和补偿，消除背景运动干扰后，就通过光流法来检测运动目标并提取目标区域。

4.8.4　基于光流矢量聚类的感兴趣区域提取

1. 光流矢量聚类

聚类分析方法是将一批样本依据一定的相似性度量方法,将具有相同或相似特征的样本划分为一类,根据类别是否已知分为监督和非监督方法。本书由于场景目标个数并不是先验信息,因此使用非监督聚类方法。矢量量化是一种无监督非神经的聚类方法,算法开始并没有分配固定的类别,而是随机抽取一个变量自动地创建一个类。然后,每当输入一个变量,算法就会计算它和每一个已知类别之间的相似度。若相似度大于一个阈值,则认为此变量隶属于这个已知的类,若此变量均不属于任何一个已知的类,则利用此变量重新创建一个新类,直到计算完毕,便可将所有变量聚为若干类别。该算法聚类效果的好坏取决于相似度测度方法和阈值的选取。

相似性测度有很多方法,如欧氏距离、马氏距离、夹角余弦距离等,这里选用欧氏距离作为相似度测度,样本 X_k 与 S_j 类的相似度可以表示为 X_k 与类中心 C_j 的欧氏距离:

$$d_{kj} = \parallel X_k - C_j \parallel = \sqrt{\sum_{i=1}^{N}(x_{ki} - c_{ji})^2} \tag{4.38}$$

其中, $C_j = \dfrac{1}{M}\sum_{X \in S_j} X$ 。距离越小,说明样本与该类越相似。

对于光流图像中的第 k 个光流,将光流矢量起始像素点坐标 (x_k, y_k) 、光流幅值 V_k 、光流方向 α_k ,记为如下形式,从而建立图像光流矢量的样本集:

$$X_k = \begin{bmatrix} V_k & \alpha_k & x_k & y_k \end{bmatrix} \tag{4.39}$$

由于上述几个特征分量尺度不同,因此需要对其进行归一化。归一化过程为

$$\begin{cases} \tilde{V}_k = V_k/V_{\max} \\ \tilde{\alpha}_k = \alpha_k/\alpha_{\max} \\ \tilde{x}_k = x_k / \sqrt{x_{\max}^2 + y_{\max}^2} \\ \tilde{y}_k = y_k / \sqrt{x_{\max}^2 + y_{\max}^2} \end{cases} \tag{4.40}$$

归一化后的输入矢量为

$$X_k = \begin{bmatrix} \tilde{V}_k & \tilde{\alpha}_k & \tilde{x}_k & \tilde{y}_k \end{bmatrix} \tag{4.41}$$

然后对归一化后的样本集进行聚类,具体的流程步骤如下:

(1) 初始化类别。输入第一个光流矢量样本集 $\{X_k\}$,将类别初始值设为一类,记为 S_1 ;然后将光流矢量 X_1 归为 S_1 ,并令 S_1 的聚类中心 $C_1 = X_1$;接下来将其余样本依次代入计算。

（2）相似度计算。假设第 p 个输入矢量为 X_p，此时已有 N 个已知类别，分别为 $S_1,S_2,\cdots,S_N$。分别计算 X_p 与已知各类中心的欧氏距离，若 X_p 与第 j 个类 S_j 的距离 d_{pj} 最小，设置一个阈值 T，比较 d_{pj} 与 T 的大小。

（3）聚类中心的更新。若 $d_{pj}>T$，则认为光流矢量隶属于类 S_j，这时需要对 S_j 的聚类中心进行更新；若 $d_{pj}<T$，则认为光流矢量 X_p 不属于已知类别中的任何一类。这时需要新创建一个类别 S_{N+1}，并令该类别的聚类中心 $C_{N+1}=X_p$。

整个聚类过程的流程图如图 4.30 所示。

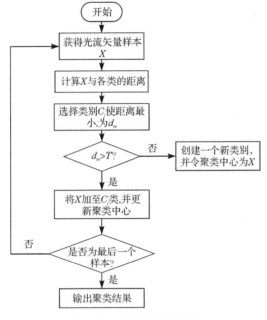

图 4.30　矢量聚类流程图

2. 感兴趣目标区域的提取

视频序列中的运动目标为一个连续的区域块，所以属于同一个目标的光流矢量位置也应该集中在同一个区域，分布比较集中，而属于背景的光流则分布比较分散，因此通过计算同一个目标类中所有光流矢量起始像素点坐标分布的方差，可以对背景类和目标类进行判定。第 k 个类 S_k 光流矢量起始像素点坐标分布的总方差是

$$\sigma^2 = \frac{1}{N_k} \sum_{i=1}^{N_k} \left[(x_i - \bar{x})^2 + (y_i - \bar{y})^2 \right] \tag{4.42}$$

其中，N_k 是 S_k 中的光流个数；$(\bar{x},\bar{y})$ 为类中心的坐标。

由于错误光流矢量的方向和幅值与背景或目标都有着较大的差别，且较为分散,在聚类过程中会自成一类,其类内方差应为 0,而且错误光流所形成的类所包含的光流矢量通常很少,通过类内方差和光流矢量的个数可以剔除孤立噪声区域。除去噪声类后,计算的方差值最大且光流矢量幅值均值很小的类即可判定为背景类,其余的类别变为目标类。将目标类别中聚类中心的坐标作为感兴趣目标区域的中心,类中光流矢量起始坐标最大值与最小值的差作为目标区域的长度和宽度,从而提取出感兴趣目标区域。

4.8.5　目标区域分割与检测

当目标比较多时,可能会出现不同的目标被划分至同一个区域或者同一个目标的部分出现在两个区域等情况。因此,为了获得更加精确的检测结果,需要对感兴趣目标区域做进一步处理,通过具体的分割和检测算法,合并或分离目标区域,实现在感兴趣目标区域对目标的准确检测。

1. 光流矢量灰度化和滤波

图像中任一像素点(x, y)的光流矢量表示为$V(x, y) = (v_x(x, y), v_y(x, y))$,$v_x(x, y)$和$v_y(x, y)$分别是 x 和 y 方向的光流分量。像素点(x, y)的光流幅值和光流方向分别为

$$V(x, y) = \sqrt{(v_x^2(x, y) + v_y^2(x, y))} \tag{4.43}$$

$$\alpha(x, y) = \arctan \frac{v_y(x, y)}{v_x(x, y)} \tag{4.44}$$

为了便于后续的图像处理,将传统的光流矢量场利用光流幅值和光流方向来表征,并对所计算的光流速度数据进行灰度化处理。灰度化过程为

$$f(x, y) = \mathrm{int}\left[\frac{V(x, y) - V_{\min}}{V_{\max} - V_{\min}} \times 255 \right] \tag{4.45}$$

将原始的光流矢量数据映射为灰度阶数为 256 的灰度图像,可以方便应用灰度图像的处理算法完成后续计算。

对于灰度化光流图像中可能存在的噪点光流,本书利用中值滤波处理,可以在去除噪点的同时保留图像的细节信息。中值滤波器是一种非线性滤波器,采用一个滑动窗口,用窗口中各点灰度值的中值来替代指定点的灰度值。在处理过程中,先将窗口中各点像素灰度值按灰度值大小进行排序,如果窗口中含有奇数个点则取中间元素的数值,含有偶数个点则取中间两个元素的平均值。此外,由于误匹配的存在会造成目标内部出现光流矢量方向的突变,而理论上来讲,同一个目标的光流矢量方向应该是相似或均匀变化的,因此可以根据像素点光流矢量与邻域内像素点矢量方向的差异来判断是否为误匹配点,从而对其进行修正。

2. 自适应阈值目标区域分割

通过选定阈值来二值化图像,对图像中的前景和背景区域进行分割,从而提取出目标区域。图像二值化的本质就是对图像进行阈值分割,阈值分割是一种经典的分割方法,由于其原理及计算简单,依然在某些场合起着关键作用。简单场景下的阈值分割原理为

$$g(i,j) = \begin{cases} 1, & f(i,j) \geqslant T \\ 0, & f(i,j) < T \end{cases} \tag{4.46}$$

其中,T 为所选择的阈值,通过像素灰度值与阈值 T 的比较,将图像分割为前景和背景。这类基于灰度的阈值分割,适用于背景简单且物体目标与背景灰度值明显不同的情况。灰度化光流图像中,由于目标与背景之间存在相对运动,导致两种区域的光流矢量是有明显区别的,因此利用阈值分割是合理的。要想获得有效的光流图像分割结果,关键是找到合适的阈值。阈值选取的方法很多,一般选取直方图中明显的双峰之间的波谷值作为阈值。但固定阈值并不总会获得有效分割,因此利用最大类间方差(OSTU)算法自适应选取阈值。

最大类间方差法是 1979 年由日本学者大津提出的,是一种自适应的阈值确定方法,简称 OTSU,它是按图像的灰度特性将图像分成背景和目标两类。背景和目标之间的类间方差越大,说明构成图像的两部分的差别越大。当部分目标错分为背景或部分背景错分为目标时都会导致类间差别变小。因此,使类间方差最大的分割意味着错分概率最小。对于灰度化光流图像 $I(x,y)$,其灰度阶为 L,灰度值为 i 的像素点个数为 f_i,前景(即目标)和背景的分割阈值记作 T,属于背景的像素点数占整幅图像的比例记为 ω_0,其平均灰度为 μ_0;前景像素点数占整幅图像的比例为 ω_1,其平均灰度为 μ_1。图像的总平均灰度记为 μ,类间方差记为 δ_e^2。图像的总像素点个数为 N,图像中像素的灰度值小于阈值 T 的像素个数记作 N_0,像素灰度大于阈值 T 的像素个数记作 N_1,则有

$$\begin{cases} \omega_0 = \dfrac{\sum\limits_{i=1}^{t} f_i}{N}, \quad \omega_1 = \dfrac{\sum\limits_{i=t+1}^{L} f_i}{N} \\ \mu_0 = \dfrac{\sum\limits_{i=1}^{T} i f_i}{N_0}, \quad \mu_1 = \dfrac{\sum\limits_{i=T+1}^{L} i f_i}{N_1} \\ \mu = \omega_0 \mu_0 + \omega_1 \mu_1 \\ \delta_e^2 = \omega_0 (\mu_0 - \mu)^2 + \omega_1 (\mu - \mu_1)^2 \end{cases} \tag{4.47}$$

因此,最佳阈值 T^* 是使类间方差取最大值时的 T 值,表示为

$$T^*_{(1<T<L)} = \mathrm{argmax}\{\delta_e^2(T)\} \tag{4.48}$$

在获得最佳阈值后,利用阈值分割原理对图像进行分割,背景标记为0(黑色),目标标记为1(白色),获得初始的二值化图像。

3. 目标区域的形态学填充

由于光照和背景等因素,得到的运动目标内部难免会有些细小的空洞,同时,二值图像中还存在由噪声引起的一些误差,仍会存在所对应的小区域是非运动目标,这时需要对二值图像进行一些后处理,运用形态学中的膨胀、腐蚀、开、闭等形态学操作,填补区域内出现的"空洞"以及消除由噪声引起的其他斑点。之后,对二值图像进行连通性分析,选用4连通或者8连通,删除面积太小的连通域,并将邻近的相似区域连通合并,从而提取出目标。本书中,先对图像进行膨胀处理,再对膨胀后的图像进行连通性分析,对于有空洞的区域,利用连通性将空洞填充,统计各区域的面积,把面积小于整幅图像面积1%的区域去掉。最后对图像进行腐蚀,得到运动目标最终的二值图像。

4.8.6　仿真算例与分析

本节仿真实验选用 KIT 航拍数据集中的 SEQ 图像序列、VIVID 数据集中的 EgTest 图像序列作为测试图。SEQ 图像序列为航拍图像,飞行高度为300m,分辨率为0.345m/pixel,图像大小为 1024×768。EgTest 序列图像大小为 720×480。SEQ 序列图像检测结果如图 4.31 所示。EgTest 序列图像检测结果如图 4.32所示。

从图 4.31 和图 4.32 可以看出,本书提出的运动目标算法可以有效检测航拍序列图像中的运动目标。从 SEQ 序列图像的检测结果可以看到,由于目标所占像素约为 15×30,当目标车辆纹理与背景差别不明显时,会导致目标兴趣区内目标漏检或目标不完整。EgTest 序列图像中,由于目标较少,目标所占面积也相对较大,因此检测结果更为准确。

(a) 真实目标位置　　　　　　　　　　　　(b) 光流场结果

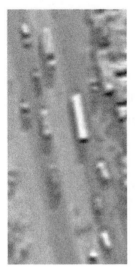

(c) 前景区放大　　　　　　(d) 光流聚类　　　　　(e) ROI 中的检测结果

图 4.31　SEQ 序列图像检测结果

(a) 场景 1　　　　　　　　　　　(b) 场景 1 检测结果

(c) 场景 2　　　　　　　　　　　(d) 场景 2 检测结果

图 4.32　EgTest 序列图像检测结果

4.9　本 章 小 结

　　本章提出了一种基于张量黎曼度量的块匹配光流场计算方法。该方法首先使用灰度-时空张量描述子,对序列图像的特征进行描述,并通过指数映射,将灰度-时空张量描述子映射到流形空间中,使用改进 Hausdorff 距离取代传统欧氏距离,同时引入图像主梯度方向描述图像的旋转,并使用多分辨率搜索策略,从而实现了对旋转图像和大位移图像匹配光流场的估计。相关数值实验和仿真表明,本章算法的计算精度优于传统的微分算法(如 HS 算法、LK 算法等)和灰度块匹配算法,且可以通过调整匹配模板的大小,控制算法的速率,可以用于旋转图像光流场和大位移图像光流场的计算。同时,本书针对航拍序列图像的特点,提出了一种基于全局运动估计和局部光流矢量聚类的运动目标检测方法,仿真结果表明该算法可以有效地检测运动目标。

第 5 章　基于时空兴趣点匹配的光流场计算方法

5.1　引　　言

在运动分析和物体识别等应用中,图像中二维形状轮廓上突出的拐角点是一个常用的、重要的特征。因此,通过匹配图像中的特征点也是计算光流场的一种方式。点匹配光流场也是一种稀疏光流场,可以重建物体的三维运动和结构。

生物在使用光流信息进行运动控制时,不仅需要提取背景光流这一类全局光流场,同样需要提取图像中运动物体产生的局部光流场,对图像中运动区域局部光流的提取,主要依赖点匹配光流方法。

点匹配光流场包括特征点选取和描述子设计两个关键技术。传统点匹配光流场计算方法在如下方面存在问题:

(1) 现有匹配使用的特征点大多仅包含图像空间梯度信息,没有图像时间信息,很多空间角点在时间序列中是不动点,光流矢量为 0;同时,传统方法也缺乏对特征点几何不变性的研究。

(2) 目前主流的特征描述子较为复杂,降低了算法效率。

本章使用时空兴趣点作为特征点取代传统角点,从图像时空张量的角度,提出一种基于时空张量的时空兴趣点(space-time interest points,STIP)检测判据,并证明其仿射与旋转不变性,解决了第一个问题。之后在局部自相似描述子(LSS)的基础上,提出一种降维-快速局部自相似性描述子(PCA-FLSS),并基于此提出一种序列图像间的时空兴趣点匹配算法,由此获得了图像的时空兴趣点光流场,解决了第二个问题。仿真实验表明,与传统基于 SIFT 匹配获得的点光流场相比,本章提出的算法具有更高的效率,更适合对实时性要求高的系统。

5.2　时空张量定义与兴趣点检测

序列图像 $I(u,v,t)$ 可以看做一个关于 u、v 和 t 的三维张量,如图 5.1 所示,其中,u、v 是二维图像的空间维,t 是序列图像的时间维。

对于图像序列 $I(u,v,t)$ 上任意一点 $A_1(x,y,t)$,将其移动到 $A_1^*(x+u,y+v,t+\tau)$,在其周围取邻域 Ω,记其平移前后的自相关函数为

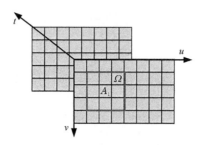

图 5.1　序列图像的张量描述

$$V_{u,v,\tau}(x,y,t) = \sum_{i\in\Omega} w_i(I(x,y,t) - I(x+u,y+v,t+\tau))^2 \qquad (5.1)$$

其中，Ω 是以 A_1 为中心的邻域；w 是高斯窗函数；u、v、τ 是像素在 x、y、t 三个方向上的位移。对式(5.1)进行泰勒展开：

$$V_{u,v,\tau}(x,y,t) \approx \sum_{i\in\Omega} w_i\left(u\frac{\partial I_i}{\partial x} + v\frac{\partial I_i}{\partial y} + \tau\frac{\partial I_i}{\partial t}\right)^2$$

$$= \sum_{i\in\Omega} w_i\left[u^2\left(\frac{\partial I_i}{\partial x}\right)^2 + v^2\left(\frac{\partial I_i}{\partial y}\right)^2 + \tau^2\left(\frac{\partial I_i}{\partial t}\right)^2\right.$$

$$\left. + 2uv\left(\frac{\partial I_i}{\partial x}\right)\left(\frac{\partial I_i}{\partial y}\right) + 2v\tau\left(\frac{\partial I_i}{\partial y}\right)\left(\frac{\partial I_i}{\partial t}\right) + 2u\tau\left(\frac{\partial I_i}{\partial x}\right)\left(\frac{\partial I_i}{\partial t}\right)\right]$$

$$(5.2)$$

令

$$A = \left(\frac{\partial I_i}{\partial x}\right)^2 * w, \quad B = \left(\frac{\partial I_i}{\partial y}\right)^2 * w, \quad C = \left(\frac{\partial I_i}{\partial t}\right)^2 * w$$

$$D = \left(\frac{\partial I_i}{\partial x}\right)\left(\frac{\partial I_i}{\partial y}\right) * w, \quad E = \left(\frac{\partial I_i}{\partial y}\right)\left(\frac{\partial I_i}{\partial t}\right) * w, \quad F = \left(\frac{\partial I_i}{\partial x}\right)\left(\frac{\partial I_i}{\partial t}\right) * w$$

$$(5.3)$$

其中，$*$ 为卷积运算符。将式(5.3)代入式(5.2)，得

$$V_{u,v,\tau}(x,y,t) = Au^2 + Bv^2 + C\tau^2 + 2Duv + 2Ev\tau + 2Fu\tau$$

$$= \begin{bmatrix} u & v & \tau \end{bmatrix} \begin{bmatrix} A & D & F \\ D & B & E \\ F & E & C \end{bmatrix} \begin{bmatrix} u \\ v \\ \tau \end{bmatrix} \qquad (5.4)$$

式(5.4)即为移动前后的自相关函数。

令

$$J_{(x,y,t)} = \begin{bmatrix} I_x^2 & I_xI_y & I_xI_t \\ I_xI_y & I_y^2 & I_yI_t \\ I_xI_t & I_yI_t & I_t^2 \end{bmatrix} * w = \begin{bmatrix} \langle I_x^2 \rangle & \langle I_xI_y \rangle & \langle I_xI_t \rangle \\ \langle I_xI_y \rangle & \langle I_y^2 \rangle & \langle I_yI_t \rangle \\ \langle I_xI_t \rangle & \langle I_yI_t \rangle & \langle I_t^2 \rangle \end{bmatrix} \qquad (5.5)$$

其中,I_x、I_y、I_t 分别是图像在 x、y、t 三个方向上的偏导。这样,就得到了一个类似于 Harris 角点判据的矩阵,由于 $J_{(x,y,t)}$ 可以同时表征图像在二维空间和时间序列上的变化,因此 $J_{(x,y,t)}$ 为图像的时空张量。

设 λ_1、λ_2、λ_3 为 $J_{(x,y,t)}$ 的三个特征值,且 $\lambda_1 \geqslant \lambda_2 \geqslant \lambda_3 \geqslant 0$。当 $\lambda_1 \approx 0$、$\lambda_2 \approx 0$ 且 $\lambda_3 \approx 0$ 时,表明描述子对应点位于图像平坦区域且前后帧灰度值并未发生剧烈变化,将该区域称为平滑区域;当 $\lambda_1 \gg 0$,$\lambda_2 \approx 0$ 且 $\lambda_3 \approx 0$ 时,描述子对应点在三个维度的某个维度上发生了剧烈变化;当 $\lambda_1 \gg 0$、$\lambda_2 \gg 0$ 且 $\lambda_3 \approx 0$ 时,该点在三个维度的某两个维度上发生了剧烈变化;当 $\lambda_1 \gg 0$、$\lambda_2 \gg 0$ 且 $\lambda_3 \gg 0$ 时,说明该点在三个维度上都发生了剧烈变化,说明该点为图像角点,且在前后帧发生了位移。定义该类角点为时空兴趣点。时空张量描述子特征值与时空兴趣点的关系如图 5.2 所示。

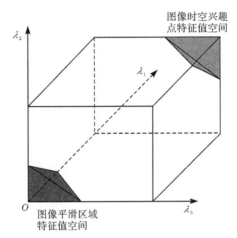

图 5.2　时空张量特征值与时空兴趣点的关系

当摄像机运动时,其视场中的景物会产生相应的运动,对应的结构特征(直线、角点、纹理等)也会在图像序列中表现灰度的变化,其中含有运动信息的角点即为时空兴趣点。

由于矩阵 $J_{(x,y,t)}$ 的三个特征值分别描述图像信号在三个维度上的变化,因此,利用 $J_{(x,y,t)}$ 构造检测函数,用来检测图像上某一点是否为时空兴趣点,如式(5.6)所示:

$$\xi = \det(J_{(x,y,t)}) \tag{5.6}$$

从式(5.5)可以看出,与传统 Harris 角点判据不同,时空兴趣点判据要求图像在时空三个方向上都有显著变化,主要因为如下两个原因:

(1) 规避边缘区域,从而避免光流计算的孔径问题。根据 Harris 角点判据,当图像结构张量矩阵特征值只有一个极大值时,意味着该点处于图像边缘区域,此时,如图 5.3 中的孔径 1 所示,无法确定该点的运动是沿边缘方向还是垂直于边缘方向,从而导致光流计算的孔径问题。但在孔径 2 处,该点在两个方向上都有梯度变化,则有可能通过匹配确定正确的运动。如果要求图像在空间两个方向都有梯度变化,则可以避免这一情形的发生。

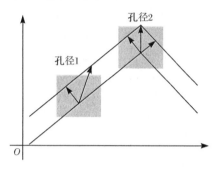

图 5.3　光流计算的孔径问题

　　(2) 为了规避图像中的不动点或微动点,减小点对匹配的计算量。通过增加时间维上的梯度约束,人为将两帧图像中的不动点或微动点即光流值为 0 或接近 0 的点进行排除,从而保证获得的光流场是有效光流场,进一步减少匹配计算的运算量。

5.3　图像几何变换下判据函数的稳定性分析

　　由于在摄像机运动过程中图像可能发生各种几何变化,因此研究时空角点判据的数学性质,以确定图像几何变化对该判据的影响。

　　仿射变换是机器视觉领域最常见的几何变换,因此,研究仿射变换对判据函数的影响具有一般性。设图像上存在曲线 $c(x,y,t)$,经过仿射变换后的曲线为 $\tilde{c}(\tilde{x},\tilde{y},\tilde{t})$,且满足

$$
\begin{bmatrix} \tilde{x} \\ \tilde{y} \\ \tilde{t} \end{bmatrix} = \begin{bmatrix} m_{11} & m_{12} & 0 \\ m_{21} & m_{22} & 0 \\ 0 & 0 & 1 \end{bmatrix} \begin{bmatrix} x \\ y \\ t \end{bmatrix} + \begin{bmatrix} a \\ b \\ t_0 \end{bmatrix} \tag{5.7}
$$

其中,$\begin{bmatrix} m_{11} & m_{12} \\ m_{21} & m_{22} \end{bmatrix}$ 是图像仿射变换矩阵;$\begin{bmatrix} a \\ b \end{bmatrix}$ 为仿射偏移量;t_0 为时间偏移量。将式(5.7)展开,可得

$$
\begin{cases} \tilde{x} = m_{11}x + m_{12}y + a \\ \tilde{y} = m_{21}x + m_{22}y + b \\ \tilde{t} = t + t_0 \end{cases} \tag{5.8}
$$

根据微分基本性质,有

$$\begin{bmatrix} I_{\widetilde{x}} \\ I_{\widetilde{y}} \\ I_{\widetilde{t}} \end{bmatrix} = \begin{bmatrix} m_{11} & m_{12} & 0 \\ m_{21} & m_{22} & 0 \\ 0 & 0 & 1 \end{bmatrix} \begin{bmatrix} I_x \\ I_y \\ I_t \end{bmatrix} \tag{5.9}$$

令

$$M = \begin{bmatrix} m_{11} & m_{12} & 0 \\ m_{21} & m_{22} & 0 \\ 0 & 0 & 1 \end{bmatrix} \tag{5.10}$$

则仿射变换后,图像的时空张量描述子可写为

$$\widetilde{J}_{(\widetilde{x},\widetilde{y},\widetilde{t})} = \begin{bmatrix} I_{\widetilde{x}} \\ I_{\widetilde{y}} \\ I_{\widetilde{t}} \end{bmatrix} \begin{bmatrix} I_{\widetilde{x}} & I_{\widetilde{y}} & I_{\widetilde{t}} \end{bmatrix} * w = \left(M \begin{bmatrix} I_x \\ I_y \\ I_t \end{bmatrix} M^{\mathrm{T}} \begin{bmatrix} I_x \\ I_y \\ I_t \end{bmatrix}^{\mathrm{T}} \right) * w \tag{5.11}$$

对应的判据函数为

$$\widetilde{\xi} = \det(\widetilde{J}_{(\widetilde{x},\widetilde{y},\widetilde{t})}) = \det\left(\left(M \begin{bmatrix} I_x \\ I_y \\ I_t \end{bmatrix} M^{\mathrm{T}} \begin{bmatrix} I_x \\ I_y \\ I_t \end{bmatrix}^{\mathrm{T}} \right) * w \right)$$

$$= \det(M)^2 \det\left(\begin{bmatrix} I_x \\ I_y \\ I_t \end{bmatrix} \begin{bmatrix} I_x \\ I_y \\ I_t \end{bmatrix}^{\mathrm{T}} * w \right) = \det(M)^2 \det(J_{(x,y,t)}) \tag{5.12}$$

由式(5.12)可知,当图像序列发生仿射变换时,本判据函数仅有强度上的变化,而其描述的最大值点的位置并没有发生变化。

研究平面几何变换对判据函数的影响时,令

$$M = \begin{bmatrix} r\cos\varphi & r\sin\varphi & 0 \\ -r\sin\varphi & r\cos\varphi & 0 \\ 0 & 0 & 1 \end{bmatrix} \tag{5.13}$$

这样仿射变换就成了 RST(rotation-scale-translation)变换。对曲线 $c(x,y,t)$ 进行 RST 变换,得到 $\widetilde{c}(\widetilde{x},\widetilde{y},\widetilde{t})$,如式(5.14)所示:

$$\begin{bmatrix} \widetilde{x} \\ \widetilde{y} \\ \widetilde{t} \end{bmatrix} = M \begin{bmatrix} x \\ y \\ t \end{bmatrix} + \begin{bmatrix} a \\ b \\ t_0 \end{bmatrix} = \begin{bmatrix} r\cos\varphi & r\sin\varphi & 0 \\ -r\sin\varphi & r\cos\varphi & 0 \\ 0 & 0 & 1 \end{bmatrix} \begin{bmatrix} x \\ y \\ t \end{bmatrix} + \begin{bmatrix} a \\ b \\ t_0 \end{bmatrix} \tag{5.14}$$

其中,r 为尺度因子;$\begin{bmatrix} \cos\varphi & \sin\varphi \\ -\sin\varphi & \cos\varphi \end{bmatrix}$ 是旋转参数矩阵;$\begin{bmatrix} a \\ b \end{bmatrix}$ 是平移矩阵;t_0 为时间偏移量。则 RST 变换后对应的判据函数与式(5.12)有相似的形式:

$$\widetilde{\xi} = \det(\widetilde{J}_{(\widetilde{x},\widetilde{y},\widetilde{t})}) = \det(M)^2 \det(J_{(x,y,t)}) \tag{5.15}$$

特别地,当 $r=1$ 时,即不发生尺度变换时:

$$\det(M) = 1 \tag{5.16}$$

即

$$\det(\widetilde{J}_{(\widetilde{x},\widetilde{y},\widetilde{t})}) = \det(J_{(x,y,t)}) \tag{5.17}$$

由上述分析可知,除尺度变换会影响判据函数的强度变化,平移变换和旋转变化都不会对判据函数的强度产生影响;同时,尺度变换并不改变极大值点的位置和数量。

综上分析可知,该时空兴趣点检测判据函数具有良好的仿射不变性和旋转/尺度不变性。

5.4　时空兴趣点提取测试

5.4.1　旋转不变性与仿射不变性测试算例

对以上算法进行旋转不变性和仿射不变性测试,测试序列选用一组合成图像,大小为 489×349,如图 5.4 所示。该组测试图像序列同时发生旋转和仿射变换,对其进行时空兴趣点提取,阈值取为 0.01,提取结果如图 5.5 所示。

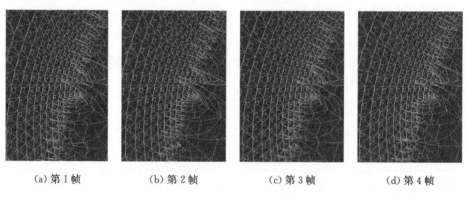

(a) 第 1 帧　　　　(b) 第 2 帧　　　　(c) 第 3 帧　　　　(d) 第 4 帧

图 5.4　连续 4 帧合成图像

从图 5.5 中可以看到,虽然图像序列发生了旋转及仿射变换,但时空兴趣点的位置和数量一直保持相对稳定,说明该提取算法对图像的旋转变换和仿射变换不敏感。

　　(a) 第 1 帧(803)　　　　(b) 第 2 帧(833)　　　　(c) 第 3 帧(852)　　　　(d) 第 4 帧(832)

图 5.5　连续 4 帧图像的时空兴趣点提取结果(括号内为兴趣点数)

5.4.2　与 Harris 角点提取算子的对比测试算例

　　在实验室搭建典型环境进行实验,选择搭载索尼公司 1/3 in CCD 相机作为成像设备,有效像素为 1024×768,摄像机搭载在云台上,配合运动机构,可以完成俯仰、滚转和平移三个通道的运动,如图 5.6 所示。

　　　　(a) 成像设备　　　　　　　　　　(b) 成像设备的局部放大图
图 5.6　实验使用的成像设备及其局部放大图

　　使用带有棋盘图的块状物体作为待检测障碍,利用云台的直线运动机构,控制摄像机向障碍运动,提取视频序列中的第 114～116 帧,使用 4.2 节中的算法进行检测,检测阈值取为

$$T = 0.001 \max(\xi) \tag{5.18}$$

　　对于图像上的一点 $I(i,j)$,当 $\xi(i,j) \geqslant T$ 时,认为该点属于时空兴趣点,反之则不属于。据此,可得到运动图像的时空兴趣点如图 5.7 所示。

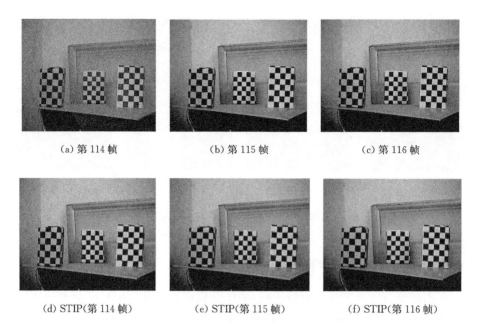

(a) 第 114 帧　　　　　　　(b) 第 115 帧　　　　　　　(c) 第 116 帧

(d) STIP(第 114 帧)　　　　(e) STIP(第 115 帧)　　　　(f) STIP(第 116 帧)

图 5.7　障碍序列图像与其时空兴趣点检测结果

　　与之对比,使用 Harris 角点检测算法对同样视频序列提取角点,检测阈值依然选取最大角点响应的 1/100,角点检测结果如图 5.8 所示。

(a) 第 114 帧　　　　　　　(b) 第 115 帧　　　　　　　(c) 第 116 帧

图 5.8　利用 Harris 角点检测算法获得的图像角点

　　由图 5.7 和图 5.8 的对比可以看出,由于利用了图像的帧间差分信息,因此与单帧图像的角点提取结果相比,序列图像的时空兴趣点更多地分布于图像中前景区域等具有明显相对运动的区域附近,而对于运动速度较慢的背景区域,则比较少。这展现了时空兴趣点的一个重要性质,即对图像中的运动区域更敏感,可以利用这个性质完成图像中运动区域的光流提取。

5.4.3　加噪图像测试算例

由于使用时空结构张量描述时空兴趣点时,引入了微分运算,因此,与所有基于微分的点特征提取算法类似,时空张量描述子的检测函数对噪声较为敏感。

现在测试噪声对图像时空兴趣点提取的影响,对于图 5.7 所示图像序列,分别添加均值为 0,方差为 0.01、0.05、0.1 的高斯噪声,如图 5.9 所示,提取结果如图 5.10 所示。

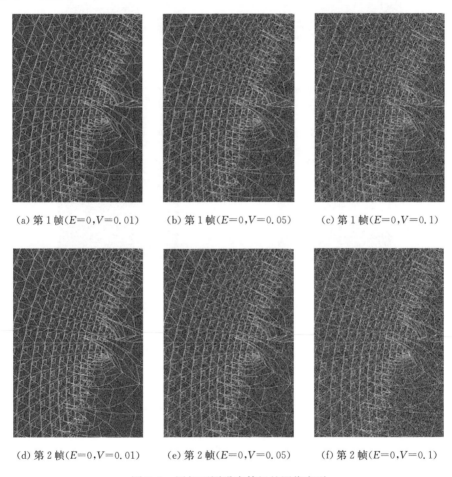

(a) 第 1 帧($E=0,V=0.01$)　　(b) 第 1 帧($E=0,V=0.05$)　　(c) 第 1 帧($E=0,V=0.1$)

(d) 第 2 帧($E=0,V=0.01$)　　(e) 第 2 帧($E=0,V=0.05$)　　(f) 第 2 帧($E=0,V=0.1$)

图 5.9　添加不同噪声等级的图像序列

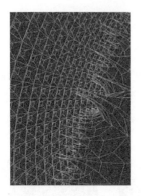 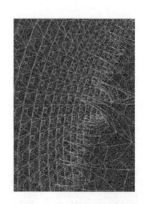

(a) $E=0,V=0.01$ 噪声下时空兴趣点提取　　(b) $E=0,V=0.05$ 噪声下时空兴趣点提取

(c) $E=0,V=0.1$ 噪声下时空兴趣点提取　　(d) 无噪声图像时空兴趣点提取

图 5.10　不同噪声水平下时空兴趣点的提取结果

将图 5.10(a)～(c)与图 5.10(d)进行对比可以看出,噪声对图像序列时空兴趣点的提取具有比较大的影响,在方差为 0.01 时,检测结果尚未受到较大影响,当噪声水平达到 $V=0.05$ 及以上时,大量的噪点被当作时空兴趣点检测出来。因此,在进行图像时空兴趣点提取时,要注意对图像进行降噪预处理,降低图像的噪声水平;但均值滤波等传统降噪手段会模糊图像的边缘,影响时空兴趣点的提取效果,这就需要进一步提高检测阈值,使图像中显著的时空兴趣点被检测出来。

5.5　时空兴趣点的 PCA-FLSS 特征描述子构造

SIFT 描述子具有尺度不变性和旋转不变性,因此广泛应用于图像匹配的点特征描述。SIFT 算子的最大问题在于,如果不借助专用的图形处理芯片和加速方法,其计算速度很难达到实时要求。影响 SIFT 计算速度的主要因素有两个:第一,为了满足尺度不变性的要求,对源图像进行 DOG 差分;第二,用于描述点特征的描述向量为 128 维,这大大增加了算法的计算量和计算复杂程度。

对于连续两帧的序列图像,帧间运动可以分解成平移、旋转和小幅度的缩放变换,考虑到摄像机帧率很高,因此,对匹配造成影响的主要因素是平移和旋转运动。在进行描述子设计时,需要在旋转不变性的前提下,设计相比 SIFT 描述子更加"轻量化"的描述子,从而保证算法的实时性,降低算法的时间成本。

5.5.1　LSS 描述子原理

LSS 描述子是 2007 年 Shechtman 和 Irani[1] 提出的一种基于 log-polar 子区域的局部自相似描述子(local self-similarites descriptor based on log-polar, LSS (LP))。该算法的基本思想是,图像或视频流中不同实体之间的相似性度量,可以通过几何布局的自相似特征匹配来完成。

对于图像上的任意一点 p,其局部自相似描述子 d_p^{LSS} 采用如下定义:将 p 周围图像块与以该点为中心的更大的一个图像区域进行比较,采用 SSD 对颜色块进行比较,由此产生的距离表面 $\text{SSD}_p(x,y)$ 可以被归一化到一个互相关表面 $S_p(x, y)$:

$$S_p(x,y) = \exp\left(-\frac{\text{SSD}_p(x,y)}{\max(\text{var}_{\text{noise}}, \text{var}_{\text{auto}}(p))}\right) \tag{5.19}$$

其中,$\text{var}_{\text{noise}}$ 是一个与光度测量差异相关的常数(一般由颜色、光照或者噪声引起);$\text{var}_{\text{auto}}(p)$ 表征了图像块的对比度和样式结构(如在图像样式变化时,尖峰区域比光滑区域更有区分性),$\text{var}_{\text{auto}}(p)$ 取所在像素 p 周围的较小邻域(3×3)与图像中心块差异的最大值。

互相关表面 $S_p(x,y)$ 被变换到以像素 p 为中心的对数极坐标系(log-polar),并被量化到 80 个单元格(bins)内(20 个角度,4 个半径间隔),这种 log-polar 处理使 LSS(LP)具备了一定的局部仿射不变性和非刚体变形不变性。LSS 构建原理如图 5.11 所示。

图 5.11　LSS 的构建原理

与 SIFT 算子相比,LSS 描述子是一种典型的局部特征描述子,主要通过中心像素点与周围像素点之间的 SSD 值和邻域内像素点分布情况的比值达到描述局部特征的目的。虽然该描述子牺牲了一部分旋转不变性和尺度不变性的性能,但由于避免了 DOG 处理,同时,生成的描述子长度也由 128 维降低到 80 维,因此,匹配算法在效率上有了一定的提高。

5.5.2　PCA-FLSS 描述子设计

虽然相比于 SIFT 算子,LSS 描述子在效率上有了一定的提高,但是计算 SSD 值以及长达 80 维的描述向量,仍会带来比较大的计算量,必须对算法进行进一步改进。

Liu 等[2]在其文章中论述了 FLSS(fast local self-similarites)描述子的构造思想,其主要改进在于使用 1 范数取代 2 范数计算像素点间的距离,互相关表面计算公式如下:

$$S_p(x,y) = \exp\left(-\frac{L_1(p)}{\max(\mathrm{var}_{\mathrm{noise}}, \mathrm{var}_{\mathrm{auto}}(p))}\right) \tag{5.20}$$

对于一个 $M \times M$ 的区域,使用 LSS 描述子计算 SSD 值需要计算 M^2 次乘法运算和 $M^2 - 1$ 次加法运算,而式(5.20)所示算法仅需要完成 $2M^2 - 1$ 次加法运算,因此,计算效率相比 LSS 描述子将进一步提高。

在 FLSS 描述子的基础上,提出 PCA-FLSS 描述子。类似于 PCA-SIFT,PCA-FLSS 描述子将主成分分析(PCA)应用到特征描述子提取中。PCA-FLSS 需要在一组训练集上预先计算特征空间的投影矩阵并存储下来,之后通过它将 FLSS 向量向特征空间进行投影,从而产生低维的 PCA-FLSS 描述子。

在训练集中,首先根据式(5.20)计算训练集内像素点周围 41×41 区域的 FLSS 特征,再将特征按照坐标顺序归一化为一个 $1 \times 41 \times 41 = 1681$ 维的 FLSS 向量,并对其进行 PCA 操作,提取投影矩阵并存储,即可完成对描述算子的降维操作,进一步降低整个匹配算法的计算量。后面通过一个具体算例,描述 PCA-FLSS 描述子的构造过程。

5.5.3　PCA-FLSS 描述子的构造算例

以 Lenna 图像为例说明 PCA-FLSS 描述子的构造过程,源图像如图 5.12(a)所示,大小为 240×240。在源图像中任取一个像素点,如图 5.12(b)中方框中心所示位置,以其为中心,划定 5×5 的 patch 区域,即图 5.12(c)中内部方块内区域,在外面划定尺寸为 41×41 的待计算邻域,即图 5.12(c)中外部方块内区域。

在外部方块的待计算邻域内,计算互相关表面 $S_p(x,y)$,其中,$\mathrm{var}_{\mathrm{noise}} = 25 \times 36$,所得相关表面如图 5.13 所示。

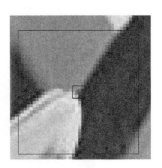

(a) 源图像　　　　　(b) patch 区域与待计算图像邻域　　　　　(c) 局部放大图

图 5.12　patch 区域与待计算邻域选取

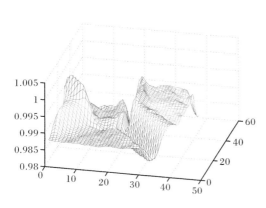
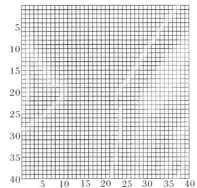

图 5.13　待计算邻域的互相关表面 $S_p(x,y)$

区别于经典 LSS 算法,在获得互相关表面 $S_p(x,y)$ 后,不对其进行 log-polar 操作,而是对 $S_p(x,y)$ 进行 PCA 处理。

将 $S_p(x,y)$ 展开成一维向量 SP,其尺度为 $1\times41\times41$,如图 5.14 所示,就获得了一个点的描述向量。

对训练区内所有点使用上述处理,即可得到一个描述向量矩阵,对其进行 PCA 处理,即可得到投影矩阵。

对图 5.12(a) 进行特征点提取,去除离边缘近的特征点,将剩下的特征点作为训练集,共计 88 个点,对其提取投影矩阵。训练样本集如图 5.15(a) 所示,经计算可得一个 1681×88 的矩阵,其中行向表示属性维度,列向是样本个数,降维后的 PCA-FLSS 描述子的维度以 36 维为宜。图 5.15(b) 是描述向量降维后的描述子 $S_p^{\mathrm{PCA}}(x,y)$,并进行了归一化处理。

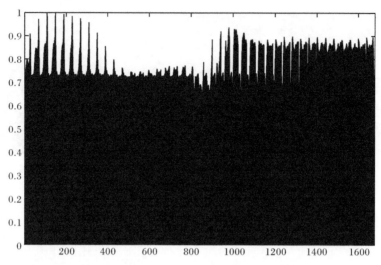

图 5.14 $S_p(x,y)$ 展开后张成的一维向量 SP

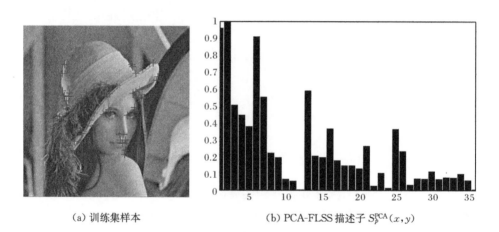

（a）训练集样本   （b）PCA-FLSS 描述子 $S_p^{\mathrm{PCA}}(x,y)$

图 5.15 训练集样本与获得的 PCA-FLSS 描述子

对 A、B 两个点的 PCA-FLSS 描述子 S_{pA}^{PCA}、S_{pB}^{PCA} 采用类似 NCC 的算法来定义其相似性测度，如式（5.21）所示：

$$M_{\mathrm{PCA\text{-}FLSS}}(S_{pA}^{\mathrm{PCA}},S_{pB}^{\mathrm{PCA}})=\frac{\sum\limits_{k=1}^{n}\left[S_{pA}^{\mathrm{PCA}}(k)-\bar{S}_{pA}^{\mathrm{PCA}}\right]\left[S_{pB}^{\mathrm{PCA}}(k)-\bar{S}_{pB}^{\mathrm{PCA}}\right]}{\sqrt{\sum\limits_{k=1}^{n}\left[S_{pA}^{\mathrm{PCA}}(k)-\bar{S}_{pA}^{\mathrm{PCA}}\right]^2\sum\limits_{k=1}^{n}\left[S_{pB}^{\mathrm{PCA}}(k)-\bar{S}_{pB}^{\mathrm{PCA}}\right]^2}}$$

（5.21）

即可使用式（5.21）完成点之间的匹配。

对图 5.15(a)所示图像进行仿射变换,如图 5.16(a)所示。图 5.16(b)是图 5.16(a)的特征点提取结果,共计 87 个特征点。对图 5.16(a)使用提出的算法进行特征点匹配,共得到 19 个匹配点,如图 5.16(c)所示。

(a) 仿射变换后的图像　　　　　　(b) 特征点提取结果(87 个特征点)

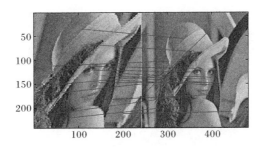

(c) 匹配结果(19 个匹配点,其中一处误匹配)

图 5.16　使用提出的匹配算法对 Lenna 图像进行匹配

5.6　时空兴趣点匹配光流场计算方法

基于 PCA-FLSS 描述子的时空兴趣点匹配光流场计算流程如下:

第一步,输入第 1 帧和第 2 帧图像,提取时空兴趣点集 TSC(1),将 TSC(1)作为训练集,计算投影矩阵 P_c,令 $i=2$。

第二步,输入第 i 帧和第 $i+1$ 帧图像,提取时空兴趣点集 TSC(i),计算各个点张成的一维描述向量 SP_i,并使用投影矩阵 P_c 计算各个点降维后的描述子 $S_p^{PCA}(x_i, y_i)$。

第三步,输入第 $i+2$ 帧图像,提取角点集 TSC($i+1$),计算各个点张成的一维描述向量 SP_{i+1},并使用投影矩阵 P_c 计算各个点降维后的描述子 $S_p^{PCA}(x_{i+1}, y_{i+1})$。

第四步,将式(5.21)作为相似性测度,匹配点集 TSC(i) 和 TSC($i+1$),并进行一致性检验。

第五步，根据匹配结果，输出第 i 帧和第 $i+1$ 帧间的匹配光流集。

第六步，检查是否为最后一帧，若否，则 $i=i+1$，并跳转到第二步；若是，则算法结束。

5.7　时空兴趣点匹配算法计算大位移图像光流场算例

基于时空兴趣点的匹配光流场相比传统光流场计算方法，最大的优势在于可以计算大位移情况下的光流场，因此在移动机器人、航空器等领域有广泛的应用。

本节对算法进行测试，图像序列采用 Yosemite 序列的第 1 帧和第 7 帧图像进行计算，图像序列如图 5.17(a) 和 (b) 所示，图像大小为 320×240，图像中、下方的山脉和河流在向下和左下运动，天空中的云雾在向左侧运动，图 5.17(c)～(f) 依次是使用本章提出算法、SIFT 算子匹配、HS 算法和 LK 算法获得的光流场。

　　　　(a) 第 1 帧　　　　　　　　　　　　　　　(b) 第 7 帧

(c) 本章算法计算的稀疏光流场(425 匹配点)　　(d) SIFT 算子的匹配稀疏光流场(524 匹配点)

　　　(e) HS 算法计算得到的光流场　　　　　　　　(f) LK 算法获得的光流场

图 5.17　Yosemite 序列及各种算法获得的光流场

　　同样使用 Yosemite 序列的第 33 帧和第 38 帧,如图 5.18(a) 和 (b) 所示,图像大小为 320×200,图像中的山脉向摄像机运动,图 5.18(c) 和 (f) 依次是使用本章算法、SIFT 算子匹配得到的稀疏光流场、HS 算法和使用 LK 算法获得的光流场。

　　　　　(a) 第 33 帧　　　　　　　　　　　　　　　(b) 第 38 帧

　(c) 本章算法计算的稀疏光流场(247 匹配点)　　　(d) SIFT 算子的匹配稀疏光流场(308 匹配点)

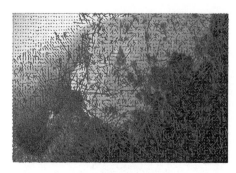

（e）HS算法计算得到的光流场　　　　　　　（f）LK算法获得的光流场

图5.18　航拍序列及各种算法获得的光流场

从图5.17和图5.18可以看出，在大位移情况下，基于微分的光流算法由于不满足局部光流平滑约束，在不使用多分辨率算法（如金字塔算法）的前提下，结果已经发散，而基于特征点匹配的算法（如本章所述算法和基于SIFT算子的匹配算法）依然可以有效获取匹配光流场。

从算法时效来看，得益于PCA-FLSS描述子的引入，本章所述算法比传统的SIFT匹配光流场算法进一步加快，这主要是描述子维度降低的原因；另外，匹配点数量的减少也在一定程度上加快了计算效率。使用Intel Core i7处理器的计算机，在MATLAB2012b平台下，图5.17和图5.18中各算法的单帧计算耗时如表5.1所示。

表5.1　各算法结果对比

算法名称	算法耗时/s		匹配点数目	
	Yosemite序列	航拍序列	Yosemite序列	航拍序列
PCA-FLSS时空兴趣点匹配光流算法	0.6477	0.4414	425	247
SIFT匹配的光流场算法	1.1897	1.1116	524	308
HS算法	2.9837	1.7459	—	—
LK算法	0.7484	0.5165	—	—

需要注意的是，本章所述光流场提取算法获得的是图像时空兴趣点部位的图像局部光流场，而非传统微分算法所获得的图像全局光流场。但是由于图像的时空兴趣点部位已经涵盖了图像的主要时空信息，因此，本章所述的基于PCA-FLSS描述子的匹配点光流场可以刻画图像序列在时空两域的变化。

图5.19(a)~(o)为一些图像序列在本章算法下的时空兴趣点匹配光流场计

算结果,图 5.19(a)～(c)为过山车序列,摄像机主要发生前向位移复合俯仰运动;图 5.19(d)～(f)也为过山车序列,主要发生前向位移复合滚转运动;图 5.19(g)～(i)为一组固定背景的视频序列,主要是目标物(四旋翼)发生侧滑运动;图 5.19(j)～(o)是一组四旋翼无人机航拍视频,其中,图 5.19(j)～(l)是起飞阶段,主要发生垂直方向的位移;图 5.19(m)～(o)主要发生水平方向的侧滑运动。

　　(a) 过山车序列 26 帧　　　　　(b) 过山车序列 27 帧　　　　　(c) 时空兴趣点匹配光流场

　　(d) 过山车序列 151 帧　　　　　(e) 过山车序列 152 帧　　　　　(f) 时空兴趣点匹配光流场

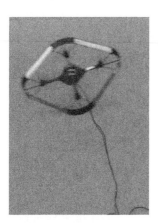
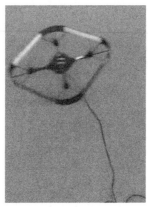
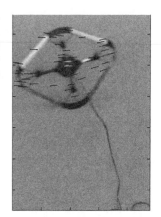

　　(g) 四旋翼序列 208 帧　　　　　(h) 四旋翼序列 209 帧　　　　　(i) 时空兴趣点匹配光流场

(j) 四旋翼航拍 317 帧   (k) 四旋翼航拍 318 帧   (l) 时空兴趣点匹配光流场

(m) 四旋翼航拍 613 帧   (n) 四旋翼航拍 614 帧   (o) 时空兴趣点匹配光流场

图 5.19　使用本章算法计算时空兴趣点匹配光流场

5.8　本章小结

　　本章首先研究了一种时空兴趣点提取方法,并对其判据函数在几何变化下的稳定性进行了分析,对其提取进行了仿真,仿真结果显示,相比于 Harris 角点特征,时空兴趣点对图像中的运动区域更为敏感;之后,基于传统的 LSS 特征点描述子,设计了一种基于 PCA-FLSS 的特征点描述子,并对其计算方法进行了推导;最后给出了一种基于 PCA-FLSS 的特征点匹配算法,并在此基础上提出了基于 PCA-FLSS 的特征点匹配光流场计算方法。使用大位移图像进行仿真,结果表明,本章提出的算法可以有效估计大位移环境下的图像序列光流场,与 SIFT 匹配光流场相比,时间消耗可降低 50% 左右。

参 考 文 献

[1] Shechtman E, Irani M. Matching local self－similarities across images and videos. Proceedings of IEEE Conference on Computer Vision and Pattern Recognition, Minneapolis, 2007: 1-8.

[2] Liu J, Zeng G, Fan J. Fast local self-similarity for describing interest regions. Pattern Recognition Letters, 2012, 33(9): 1224-1235.

第6章 基于匹配光流场的飞行器自主避障

6.1 引 言

本章主要对光流辅助飞行器环境感知技术展开研究,结合飞行器自主避障典型应用,研究光流辅助飞行器避障方法。

一般来说,定义障碍为飞行器运动路线上随机出现的对飞行器运动具有阻碍作用的物体。对于微小型飞行器而言,视觉避障系统需要通过获取环境的图像信息,采用一定的处理方法,从中分离出障碍物并获得障碍物的数学描述,以便飞行器控制系统生成避障策略。飞行器视觉避障方法包括基于图像分割、基于深度提取和基于光流的方法。基于图像分割的方法使用颜色标示图像中的无障碍区域,优点是计算速度快,缺点是精度较低。基于深度的方法需要创建区域三维地图,算法计算量较大。因此,基于光流的方法成为目前视觉避障技术的研究热点。

现有基于光流的视觉避障算法存在的主要问题有如下三点:

(1) 传统光流场提取方法计算量大,导致算法实时性较差;

(2) 平台自身运动对光流场计算结果干扰较大,影响障碍识别率;

(3) 受光照变化等外界影响较大。

鉴于以上问题,本章提出一种基于匹配光流场的微小型飞行器视觉避障算法。本章首先从神经生物学的角度出发,分析生物在避障过程中视觉系统的作用机理;之后,使用匹配光流场算法计算光流场,以满足系统实时性的要求;引入平移光流场的概念,以消除平台运动和光照变化对光流场的干扰,并完成运动目标的提取;在 Simulink 环境下对该算法进行仿真,仿真结果表明该算法可有效识别障碍,并生成相应的避障策略,导引飞行器完成障碍规避。

6.2 光流避障技术总体架构

由脑皮层视觉导引和感知的 STARS 模型可以看出,视网膜获得光流信息之后(level 1),会在脑皮层的 V2 区域形成视场的景深信息,并在 MT 区域以及 MST 区域进行运动方向和障碍区域的估计,最终完成避障的控制,其中,MST 区域主要负责背景光流的提取,MT 区域则主要负责图像中运动区域的提取。模拟上述过程,本章使用块匹配光流算法估计背景光流场,采用点匹配光流提取图像中的运动区域,借助 IMU 获取的飞行器姿态信息对光流场进行消旋,并计算平移光流场,进而估计图像的延伸焦点(focus of expansion,FOE),获得障碍位置信息与相对景深信息,最后生成避障策略。光流避障技术的总体架构如图 6.1 所示。

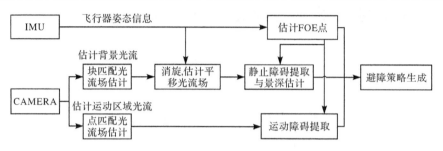

图 6.1　光流避障技术总体架构

6.3　平移光流场计算

本节中坐标系采用如图 6.2 所示的定义。

O_w-$X_w Y_w Z_w$:世界坐标系。

O_c-$X_c Y_c Z_c$:摄像机坐标系,原点位于摄像机光心处,Z_c 轴与光轴重合垂直于成像平面。

O_b-$X_b Y_b Z_b$:机体坐标系,与摄像机坐标系重合。

O-xy:图像坐标系。

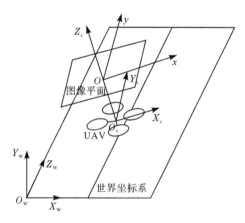

图 6.2　坐标系定义

生物在判断前进方向时,如果视网膜上的光流场含有旋转分量,则会导致

FOE 估计不准确,因此需要消除光流场的旋转分量。传统消旋方法一般使用云台或者惯性阻尼装置,但上述装置会给载荷能力有限的微小型飞行器增加额外的负载,具有一定的使用局限性。考虑到飞行器上携带的 IMU 可以获取飞行器的姿态信息,可以利用飞行器姿态信息消除光流场的旋转分量。

图像上任意一点的光流场可以写成

$$\begin{cases} u = \dfrac{f\eta_x - x\eta_z}{Z} - \dfrac{xy\omega_x}{f} + \dfrac{(f^2 + x^2)\omega_y}{f} - y\omega_z \\[3mm] v = \dfrac{f\eta_y - y\eta_z}{Z} - \dfrac{(f^2 + y^2)\omega_x}{f} + \dfrac{xy\omega_y}{f} + x\omega_z \end{cases} \quad (6.1)$$

由式(6.1)可以看出,光流信息中的角速度项即为光流场的旋转分量,则消除旋转分量后的光流场可以写成

$$\begin{cases} \bar{u} = u - \left[-\dfrac{xy\omega_x}{f} + \dfrac{(f^2 + x^2)\omega_y}{f} - y\omega_z \right] \\[3mm] \bar{v} = v - \left[-\dfrac{(f^2 + y^2)\omega_x}{f} + \dfrac{xy\omega_y}{f} + x\omega_z \right] \end{cases} \quad (6.2)$$

其中,$(\bar{u}, \bar{v})$ 为消除旋转分量的光流场,即平移光流场;f 为焦距。

6.4　基于速度信息的 FOE 估计

当摄像机沿着光轴相对目标做平移运动时,目标场景将产生一种独特的光流形态,即场景投影到图像平面上的运动,是从图像平面的一个固定点延伸出来的,该点称为 FOE,如图 6.3 所示。

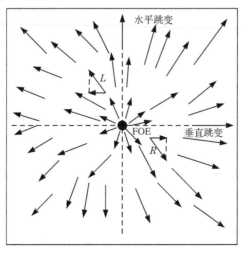

图 6.3　FOE 定义

传统 FOE 的计算方法是通过寻找光流场中散度最小的点来确定 FOE,其具体算法如下。

定义光流矢量的散度为梯度算子的点积,那么对于光流矢量 $U=(u,v)$,其散度为

$$\nabla \cdot U = \frac{\partial u}{\partial x} + \frac{\partial v}{\partial y} \tag{6.3}$$

在 FOE 处的光流值可以近似为零,但是在围绕 FOE 的小区域内的光流的散度却常常不为零,因此引入 Green 定理:

$$\iint \nabla \cdot U \mathrm{d}x \mathrm{d}y = \oint U \mathrm{d}r \tag{6.4}$$

式(6.4)将二重积分化为曲线积分,以求和代替求积分。通过遍历图像中的点,计算其邻域内的光流散度,邻域散度最小的中心点即为该算法所求得的 FOE。

散度最小点法确实可以计算出理论上的 FOE,但其精度受制于光流场本身的计算精度。事实上,如果定义 FOE 位置误差相对图像尺寸误差小于 5% 为准确提取,散度最小点法获得 FOE 的准确率只有 30%。

为了解决上述问题,本节提出一种基于飞行器速度信息的 FOE 计算方法,算法如下。

对如图 6.4 所示坐标系,设背景一点 P_1 在摄像机坐标系 $O_c\text{-}X_cY_cZ_c$ 中的坐标为 (X_{c1}, Y_{c1}, Z_{c1}),设飞行器以速度 (η_X, η_Y, η_Z) 在 $O_w\text{-}X_wY_wZ_w$ 坐标系内飞行,不发生滚转运动。经过足够小的时间间隔 Δt 后,P_1 在摄像机坐标系 $O_c\text{-}X_cY_cZ_c$ 中新坐标 P_1' 为 $(X_{c1}', Y_{c1}', Z_{c1}')$,则存在

$$\begin{cases} X_{c1}' = X_{c1} - \eta_X \Delta t \\ Y_{c1}' = Y_{c1} - \eta_Y \Delta t \\ Z_{c1}' = Z_{c1} - \eta_Z \Delta t \end{cases} \tag{6.5}$$

依据摄像机投影方程可知,P_1 和 P_1' 在成像平面上的对应点的 $p_1(x_1, y_1)$ 和 $p_1'(x_1', y_1')$ 为

$$\begin{cases} x_1 = f \dfrac{X_{c1}}{Z_{c1}} \\ y_1 = f \dfrac{Y_{c1}}{Z_{c1}} \end{cases} \tag{6.6}$$

假设 P_1 相对背景静止,则有

$$\begin{cases} x_1' = f \dfrac{X_{c1} - \eta_X \Delta t}{Z_{c1} - \eta_Z \Delta t} \\ y_1' = f \dfrac{Y_{c1} - \eta_Y \Delta t}{Z_{c1} - \eta_Z \Delta t} \end{cases} \tag{6.7}$$

则消除了旋转分量的光流可以写为

$$\bar{u}=\frac{x_1'-x_1}{\Delta t}=f\frac{Z_{c1}\eta_X\Delta t-X_{c1}\eta_Z\Delta t}{(Z_{c1}-\eta_Z\Delta t)Z_{c1}}$$

$$\bar{v}=\frac{y_1'-y_1}{\Delta t}=f\frac{Z_{c1}\eta_Y\Delta t-Y_{c1}\eta_Z\Delta t}{(Z_{c1}-\eta_Z\Delta t)Z_{c1}} \tag{6.8}$$

设点 $p_1(x_1,y_1)$ 处光流 $(\bar{u},\bar{v})$ 所在直线的点斜式方程为

$$\frac{y-y_1}{x-x_1}=k \tag{6.9}$$

则

$$k=\frac{\bar{v}}{\bar{u}}=\frac{Z_{c1}\eta_Y\Delta t-Y_{c1}\eta_Z\Delta t}{Z_{c1}\eta_X\Delta t-X_{c1}\eta_Z\Delta t}=\frac{Z_{c1}\eta_Y-Y_{c1}\eta_Z}{Z_{c1}\eta_X-X_{c1}\eta_Z}=\frac{\eta_Y-\dfrac{Y_{c1}}{Z_{c1}}\eta_Z}{\eta_X-\dfrac{X_{c1}}{Z_{c1}}\eta_Z}=\frac{\eta_Y-\dfrac{y_1}{f}\eta_Z}{\eta_X-\dfrac{x_1}{f}\eta_Z}$$

$$\tag{6.10}$$

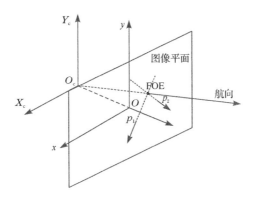

图 6.4　FOE 与平移速度之间关系

定理 6.1　仅发生平移运动的摄像机,当其光轴方向速度不为 0 时,成像平面上背景光流产生的 FOE 存在且唯一。

证明　构建坐标系如图 6.4 所示,$O_c\text{-}X_cY_cZ_c$ 为摄像机坐标系,原点位于摄像机光心处,Z_c 轴与光轴重合垂直于成像平面;$O\text{-}xy$ 为图像坐标系,x 轴和 y 轴分别平行于 X_c 轴和 Y_c 轴,原点在 Z_c 轴上。

设摄像机在大地坐标系下运动速度为 (η_X,η_Y,η_Z),取成像平面上任意两点:$p_1(x_1,y_1)$ 和 $p_2(x_2,y_2)$,由式(6.9)、式(6.10),上述两点光流所在直线方程分别为

$$\begin{cases} y-y_1=(x-x_1)\dfrac{f\eta_Y-y_1\eta_Z}{f\eta_X-x_1\eta_Z} \\[3mm] y-y_2=(x-x_2)\dfrac{f\eta_Y-y_2\eta_Z}{f\eta_X-x_2\eta_Z} \end{cases} \tag{6.11}$$

　　根据光流场 FOE 的定义,FOE 是图像上扩张(收缩)平移光流所在直线延长线的交点,联立求解式(6.11)的两条直线方程,得到图像坐标系上的交点坐标为

$$
\begin{cases}
x_{\mathrm{FOE}} = f \dfrac{\eta_X}{\eta_Z} \\[3mm]
y_{\mathrm{FOE}} = f \dfrac{\eta_Y}{\eta_Z}
\end{cases}
\tag{6.12}
$$

　　此坐标即为 FOE 在图像坐标系中的坐标。由式(6.12)可以看出,FOE 位置只与摄像机在世界坐标系中速度和摄像机焦距有关,与光流矢量大小和方向均无关系,且当满足 $\eta_Z \neq 0$ 时,FOE 存在且唯一。

　　定理 6.1 证毕。

　　由式(6.12)可知,对只发生平移运动的摄像机,其在 FOE 位置仅与其在大地坐标系中的运动速度有关。事实上,FOE 可以看做摄像机运动方向与成像平面的交点,进一步说明了依据周围环境扩张运动的中心(FOE)可以获得前进方向(heading)。

　　与散度最小点法相比,使用式(6.12)计算图像序列的 FOE 不依赖图像光流场,而飞行器速度可由机载 INS 和 GPS 系统获得。因此,算法更加简洁,精度更高,适用于飞行器避障系统对高实时性的要求。

6.5　景深估计与相对背景静止障碍提取

　　当障碍相对背景静止时,由式(6.2)可知,消除旋转分量后的图像各点平移光流场可以写成

$$
\begin{cases}
\bar{u} = \dfrac{f\eta_X - x\eta_Z}{Z} \\[3mm]
\bar{v} = \dfrac{f\eta_Y - y\eta_Z}{Z}
\end{cases}
\tag{6.13}
$$

　　当 $\eta_Z \neq 0$ 时,式(6.13)右边上下同除以 η_Z,可得

$$
\begin{cases}
\bar{u} = \dfrac{\dfrac{f\eta_X}{\eta_Z} - x}{\dfrac{Z}{\eta_Z}} = \dfrac{x_{\mathrm{FOE}} - x}{\dfrac{Z}{\eta_Z}} \\[6mm]
\bar{v} = \dfrac{\dfrac{f\eta_Y}{\eta_Z} - y}{\dfrac{Z}{\eta_Z}} = \dfrac{y_{\mathrm{FOE}} - y}{\dfrac{Z}{\eta_Z}}
\end{cases}
\tag{6.14}
$$

其中, Z 是图像景深; η_Z 是摄像机在 Z 方向上的速度; $\dfrac{Z}{\eta_Z}$ 表征了碰撞时间(time to collision, TTC)。则对于图像平面上的任意一点 (x, y) ,其 TTC 为

$$\mathrm{TTC}^2 = \frac{(x_{\mathrm{FOE}} - x)^2 + (y_{\mathrm{FOE}} - y)^2}{u^2 + v^2} = \frac{\Delta x^2 + \Delta y^2}{\mathrm{mag}^2(u, v)} \tag{6.15}$$

其中, $(\Delta x, \Delta y)$ 分别是点 (x, y) 相对 FOE 在 x 方向和 y 方向上的距离; $\mathrm{mag}(u, v)$ 是光流幅值。则图像的相对景深 $\mathrm{Depth_R}$ 可以使用 TTC 来表征,可以使用式(6.16)来估计:

$$\mathrm{Depth_R} = \mathrm{TTC} = \sqrt{\frac{\Delta x^2 + \Delta y^2}{\mathrm{mag}^2(u, v)}} \tag{6.16}$$

对式(6.16)进行归一化,可得

$$\mathrm{Depth\_map} = 255 \left| \frac{\mathrm{Depth_R}}{\max(\mathrm{abs}(\mathrm{Depth_R}))} \right| \tag{6.17}$$

即可得到图像灰度化的相对深度图。灰度值越高的点越靠近摄像机,据此即可估计视场中静止障碍及其相对摄像机的距离。

当已知摄像机速度 η_Z 时,也可使用式(6.16)计算绝对景深 $\mathrm{Depth_A}$:

$$\mathrm{Depth_A} = \eta_Z \cdot \mathrm{TTC} = \eta_Z \sqrt{\frac{\Delta x^2 + \Delta y^2}{\mathrm{mag}^2(u, v)}} \tag{6.18}$$

据此可以生成图像中相对背景静止的障碍绝对深度图。

定义危险阈值 $\mathrm{Depth_D}$,当满足 $\mathrm{Depth_A} \leqslant \mathrm{Depth_D}$ 时,认为飞行器需要进行避障。

本节对于深度的估计算法,依赖两帧图像之间匹配点的计算,而本书采用的匹配光流场计算方法正是利用两帧之间的最佳匹配点估计光流场,因此,可以直接利用匹配结果,而不需另行计算。

6.6　相对背景运动的障碍区域提取

设摄像机在大地坐标系下的运动速度为 (η_X, η_Y, η_Z) ,当图像中有相对背景运动障碍时,设其在大地坐标系下运动速度为 $(\eta_x^{\mathrm{T}}, \eta_y^{\mathrm{T}}, \eta_z^{\mathrm{T}})$,则其相对摄像机的速度为

$$(\eta_X', \eta_Y', \eta_Z') = (\eta_X + \eta_x^{\mathrm{T}}, \eta_Y + \eta_y^{\mathrm{T}}, \eta_Z + \eta_z^{\mathrm{T}}) \tag{6.19}$$

由式(6.12)可知,障碍运动形成的光流在图像平面上的延伸焦点为

$$\begin{cases} x_{\mathrm{object}} = f \dfrac{\eta_X'}{\eta_Z'} = f \dfrac{\eta_X - \eta_x^{\mathrm{T}}}{\eta_Z - \eta_z^{\mathrm{T}}} \\[3mm] y_{\mathrm{object}} = f \dfrac{\eta_Y'}{\eta_Z'} = f \dfrac{\eta_Y - \eta_y^{\mathrm{T}}}{\eta_Z - \eta_z^{\mathrm{T}}} \end{cases} \tag{6.20}$$

对于式(6.20),当满足以下两种情况时,有

$$\begin{cases} x_{\text{object}} = x_{\text{FOE}} \\ y_{\text{object}} = y_{\text{FOE}} \end{cases}$$

即延伸焦点与 FOE 重合。

情况 1

$$\begin{cases} \eta_x^{\text{T}} = 0 \\ \eta_y^{\text{T}} = 0 \\ \eta_z^{\text{T}} = 0 \end{cases} \tag{6.21}$$

此时障碍相对背景静止,摄像机、障碍相对运动情况及光流场如 6.4 节和 6.5 节所述,定义此种情况为障碍相对背景真静止。

情况 2

当 $(\eta_x^{\text{T}}, \eta_y^{\text{T}}, \eta_z^{\text{T}}) \neq (0,0,0)$ 时,如果满足

$$\begin{cases} \dfrac{\eta_X}{\eta_Z} = \dfrac{\eta_x^{\text{T}}}{\eta_z^{\text{T}}} \\ \dfrac{\eta_Y}{\eta_Z} = \dfrac{\eta_y^{\text{T}}}{\eta_z^{\text{T}}} \end{cases} \tag{6.22}$$

即有

$$\begin{cases} x_{\text{object}} = x_{\text{FOE}} \\ y_{\text{object}} = y_{\text{FOE}} \end{cases}$$

此时,虽然障碍相对背景仍有运动,但其运动形成光流场的延伸焦点仍与 FOE 重合,该情况定义为障碍相对背景伪静止。本节讨论的相对背景运动的障碍区域不包含伪静止的情况,其光流延伸焦点与背景光流的 FOE 并不重合,如图 6.5 所示。

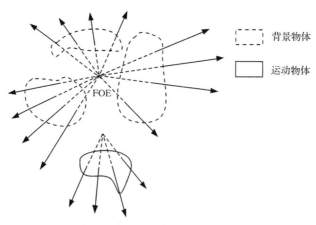

图 6.5　背景 FOE 与和背景具有相对运动物体对应的延伸焦点示意图

根据 6.4 节的论述可知,背景产生的平移光流场都是从 FOE 发散出来的,因此,相对背景运动的障碍,其产生的实际光流场与平移光流场方向不同,如图 6.6 所示,据此即可将相对背景运动的障碍区域提取出来。

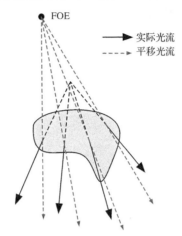

图 6.6　运动障碍的平移光流场与实际光流场

障碍提取算法流程如下:

第一步,读入第 i 帧和第 $i+1$ 帧图像,使用匹配光流场算法,计算图像匹配光流场 $\mathrm{OF}_{x,y}=(u,v)_{x,y}$,并结合 IMU 获得的速度信息估计 FOE 位置$(x_{\mathrm{FOE}},y_{\mathrm{FOE}})$。

第二步,计算图像上各点相对 FOE 的平移光流场 $\mathrm{TF}_{x,y}=(T_u,T_v)_{x,y}$。

第三步,剔除 $\mathrm{OF}_{x,y}$ 中长度过长的奇异向量,余下向量与平移光流场 $\mathrm{TF}_{x,y}$ 计算各点 $\mathrm{OF}_{x,y}$ 向量和 $\mathrm{TF}_{x,y}$ 向量夹角,得到角偏置矩阵为

$$M_{x,y}=\frac{\mathrm{OF}_{x,y}\cdot\mathrm{TF}_{x,y}}{|\mathrm{OF}_{x,y}||\mathrm{TF}_{x,y}|} \tag{6.23}$$

各个元素值为夹角的余弦值。

第四步,设置检测阈值 θ_{T},对角偏置矩阵按式(6.24)进行二值化操作:

$$\begin{cases} M_{x,y}=1, & M_{x,y}\leqslant\cos(\theta_{\mathrm{T}}) \\ M_{x,y}=0, & \text{否则} \end{cases} \tag{6.24}$$

第五步,对二值化后的角偏置矩阵进行闭运算(closing)操作,并使用均值滤波,消除孤立点。

第六步,对第五步的处理结果进行 K-means 聚类,提取各个障碍并计算形心坐标,输出障碍各点距离形心最大距离 $\max(R_{\mathrm{ob}})$。

第七步,判断是否为最后一帧图像,若否,$i=i+1$,返回第一步;若是,结束本算法。

上述算法中关于延伸交点和角偏置矩阵计算,涉及两帧图像之间匹配点的计

算,本书采用的匹配光流场计算方法,正是利用两帧之间最佳匹配点估计光流场,可以直接利用匹配结果,而不需另行计算。

6.7　避障策略设计

实现飞行器对障碍的自主规避,就是要实现飞行器与每个障碍之间的最小距离始终大于预设的安全距离 R_{saf}。在三维空间中,"威胁圆锥体"由障碍中心以及安全距离构成的圆球和一系列飞行器与圆球的切线构成。威胁锥及对准点的示意图如图 6.7 所示。

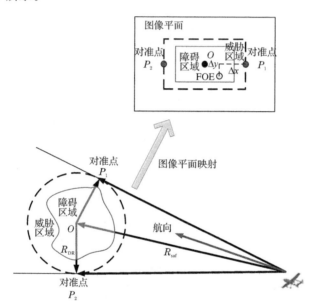

图 6.7　威胁锥模型及避障示意

图 6.7 中不规则形状区域为障碍所在区域,以障碍区域(region of obstacle,ROO)形心为圆心,定义半径为 R_{DR} 的区域为威胁区域(region of danger,ROD),使得 ROO⊏ROD 且 R_{DR} 满足

$$R_{DR}=1.2\max(R_{ob}) \tag{6.25}$$

由飞行器当前位置出发,与威胁区域相切的两条航迹即为飞行器的避障航迹,切点为对准点。在进行避障机动时,飞行器需要控制航行指向对准点并沿直线飞行,即可完成对障碍的规避。图 6.7 右上部分显示了障碍在图像平面上的成像结果,FOE 即表征航行方向,其与对准点 P_1 在 x、y 方向上的偏差分别记为 Δx 和 Δy,对于飞行器避障来讲,通过控制这两个偏置量趋近于 0,即可实现飞行器自主避障。

其中,安全距离计算利用近距离物体产生光流向量较大的原理,算法如下:

第一步,读入第 i 帧和第 $i+1$ 帧图像,使用匹配光流场计算方法,计算图像匹配光流场 $OF_{x,y}=(u,v)_{x,y}$,提取其中的障碍区域。

第二步,将障碍区域光流幅值大于 T 的光流作为奇异点进行剔除:

$$T=0.3\times image.\,width \tag{6.26}$$

其中,image. width 为图像宽度。对剩余光流计算其模量均值:

$$\overline{M}=\sum_{x,y\in ROO}\frac{\parallel OF_{x,y}\parallel_2}{n} \tag{6.27}$$

其中,n 为剔除了奇异点后的光流数目;$\parallel OF_{x,y}\parallel_2$ 为 2-范数。

第三步,设 FOE 坐标为 (x_{FOE},y_{FOE}),障碍形心为 (x_{ob},y_{ob}),计算其 TTC 为

$$TTC=\frac{\sqrt{(x_{FOE}-x_{ob})^2+(y_{FOE}-y_{ob})^2}}{\overline{M}} \tag{6.28}$$

第四步:根据式(6.18),设系统判断障碍的时间为 τ,当障碍形心与 FOE 距离小于 $\tau\overline{M}$ 时,即认为飞行器脱离安全距离 R_{saf},此时飞行器将进行避障机动。

6.8　本章小结

本章针对微小型飞行器平台,提出了一种基于匹配光流的微小型飞行器避障控制算法。从神经生物学的角度出发,构建了基于匹配光流避障算法的总体架构,分别使用块匹配光流场、点匹配光流场完成视场景深估计和运动物体的提取,基于威胁锥理论完成了避障策略的设计。该基于匹配光流的飞行器避障算法,可以准确进行静止障碍和运动障碍的识别,并控制飞行器执行避障机动。

第 7 章　球面光流场计算方法

7.1　引　　言

传统的光流场定义和计算建立在透视投影成像模型基础之上,而随着大视场角的反射折射镜头和屈光镜头的应用,对它们所获取图像的视觉理解不再限于传统的"先矫正后理解"方式。人们开始研究非透视投影模型下图像场与实际运动场之间的对应关系,试图建立直接"理解"的视觉算法过程。

球面光流场是非透视投影的镜头序列产生的图像运动场。传统的透视投影成像模型已经不能满足球面光流场的分析需求。而非透视投影镜头的成像规律随着硬件的不同而差别很大,建立的光流场理论将不具有普适性。因此,分析非透视投影镜头序列的最好方法,是将不同的成像模型同时投射到一个理想模型下,再将光流场建立在普适的理想模型下。在建立非透视投影成像模型的普适理想模型的基础上,通过将传统透视模型下的光流场计算方法进行推广,球面光流场的计算理论框架如图 7.1 所示。

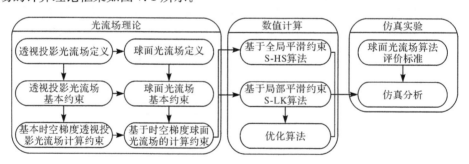

图 7.1　球面光流场的计算理论框架

7.2　坐标系定义

在视觉避障过程中,飞行器与背景以及障碍物之间存在着复杂的相对运动关系。本章将用到:大地坐标系 $O\text{-}xyz$、机体坐标系 $O_b\text{-}x_b y_b z_b$、光轴坐标系 $O_a\text{-}r_a\theta_a\varphi_a$、速度坐标系 $O_m\text{-}r_m\theta_m\varphi_m$ 和图像坐标系 $O_i\text{-}\rho_i\psi_i$。

下面分别介绍这五种坐标系。

（1）大地坐标系。大地坐标系与地球表面固连，其坐标原点可以选在地球表面的任何一点，本章认定坐标原点取在距机体有限远范围内的任意一点 O。Ox 轴与地球表面相切，其指向可以是任意的，在对地面目标进行分析时，Ox 轴通常与原点 O 和目标点的地球大圆相切，指向目标方向为正。Oz 轴垂直于地平面，向上为正。Oy 轴垂直于 Oxz 平面，其方向按照右手定则确定，如图 7.2 所示。该坐标系将在分析飞行器与环境相对运动时使用。

（2）机体坐标系。机体坐标系的原点 O_b 取在飞行器的质心处。O_bx_b 轴与机体几何纵轴重合，指向机头方向为正。O_bz_b 轴在机体纵向对称平面内，与 O_bx_b 轴垂直，向上为正。O_by_b 轴垂直于 $O_bx_bz_b$ 平面，其方向按照右手定则确定，如图 7.2 所示。该坐标系将在分析视觉传感器感知到的飞行器自身运动的讨论中用到。

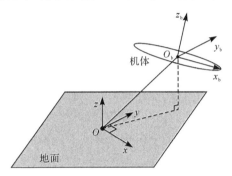

图 7.2　大地坐标系和机体坐标系

（3）光轴坐标系。该坐标系是一个球体坐标系，如图 7.3 所示。其中，坐标系原点 O_a 取在视觉传感器的感光中心处，r_a 指原点到该点连线段的长度，θ_a 是连线段与光轴的夹角。现定义光轴初始平面：一般情况下，光轴与垂直于地平面向上的方向不重合，把过光轴垂直于地平面的上半平面称为初始平面。φ_a 是按逆时针方向初始平面到光轴与连线段构成平面的夹角。该坐标系是最为重要的坐标系之一，不同运动情况下，球面光流场的分析就在这个坐标系下展开。

（4）速度坐标系。该坐标系也是一个球体坐标系，如图 7.3 所示。其中，坐标系原点 O_m 与 O_a 重合，r_m 是指原点到该点连线段的长度，θ_m 是连线段与瞬时速度方向的夹角。现定义速度初始平面：一般情况下，瞬时速度方向与垂直于地平面向上的方向不重合，则把由过瞬时速度方向垂直于地平面的上半平面称为初始平面。φ_m 是按逆时针方向初始平面到光轴与连线段构成平面的夹角。该坐标系将在分析基本运动与光流场关系的简化模型时用到。

（5）图像坐标系。该坐标系是一个极坐标系。其中，坐标系原点 O_i 取在鱼眼图像的中心点处，ρ_i 是指图像上任意一点与原点连线段的长度。现定义图像初始方向：把由光轴坐标系中的初始平面投影成像所形成的射线方向定为图像的初始

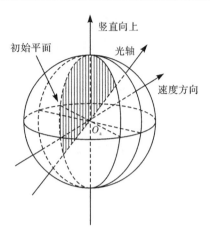

图 7.3　光轴坐标系和速度坐标系

方向。ψ_i 是按逆时针方向,初始方向到原点与该点连线段的夹角。该坐标将在建立鱼眼成像模型以及计算球面光流时用到。

上述五个坐标系存在一定的转换关系。一般情况下,视觉传感器是固结在飞行器上的,传感器的位置和朝向相对机体不发生改变。光轴坐标系与机体坐标系之间存在确定的转换关系。光轴坐标系与速度坐标系的坐标原点重合,只是依据不同的主轴和初始平面进行角度展开,在一些运动分析中,将使表达式简化,而图像坐标系和光轴坐标系之间通过鱼眼的成像模型相互联系。

7.3　常见的成像模型

视觉传感器一般由光学透镜机构、感光阵列平面和模拟数字编码器(analog-digital encoder,AD)采集系统组成。其中,光学透镜负责将外界一定角度范围内的光束进行汇聚,感光阵列平面则把光的强弱转换成电信号,AD 采集系统则把阵列上每一个像元单位感受到的电压强度,量化成数字量存储在计算机中,得到的图像称为数字图像。鱼眼图像具有大视场角、大形变扭曲的特点,它的成像模型对鱼眼图像场的运动理解十分重要。

7.3.1　平面透视投影成像模型

透镜成像基本原理为

$$\frac{1}{d} + \frac{1}{F} = \frac{1}{f} \tag{7.1}$$

其中,d 是物体到透镜的距离——物距;f 是透镜的焦距;F 是成像平面到透镜的距离——像距。一般情况下,物距 d 远大于透镜焦距 f 和像距 F,可以认为 $1/d \approx$

0,从而得出 $F \approx f$。所以在后面的讨论中只提焦距 f,默认像距等于焦距。

图 7.4 是一个透视投影的几何模型。为叙述方便,建立一个三维直角坐标系 $OXYZ$,坐标原点 O 作为投影中心(投影机的透镜中心),OZ 轴和摄像机的主光轴重合,成像平面为 $Z = f$(f 是光学透镜的焦距)。考虑摄像机前面的任意一点(这里要求 $Z > f$),连接三维坐标原点 O 和点 P 的直线与成像平面有一个交点,记作 p,称为点 P 的像点。通过这种方式就可以把场景中的任意一点投影到成像平面上,也就是可以建立一个从三维到二维成像平面的映射。显然,这一映射是多对一映射,因为射线 OP 上任意一点对应的像素点都是相同的,把这一映射称为(中心)透视投影。

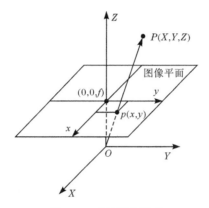

图 7.4　透视投影模型

在成像平面上建立一个坐标系 Oxy,坐标原点 O 是成像平面和光轴 OZ 轴的交点 $(0,0,f)$,x 轴和 y 轴分别与 OX 和 OY 轴平行,把这个坐标系称为图像坐标系。需要说明的是,这与前面叙述的图像坐标系 $O_i \rho_i \psi_i$ 是相互对应的。存在的转换关系为 $\rho_i(x,y) = \sqrt{x^2 + y^2}$,$\tan \psi_i = x/y$。设三维空间中的点 $P(X,Y,Z)$ 的像点 p 在图像坐标系中的坐标为 (x,y),根据透镜成像的基本原理可以推出,点 P 的坐标 (X,Y,Z) 和像点 p 的图像坐标 (x,y) 之间满足如下关系:

$$\begin{cases} x = \dfrac{fX}{Z} \\ y = \dfrac{fY}{Z} \end{cases} \tag{7.2}$$

这一关系就是透视投影方程。由于焦距 f 是常数(不考虑变焦距情况)。为叙述方便,在不失一般性的情况下,可以令 $f \equiv 1$,这时投影方程变为

$$\begin{cases} x = \dfrac{X}{Z} \\ y = \dfrac{Y}{Z} \end{cases} \tag{7.3}$$

在某些情况下,为了使问题简化,有时也用正交投影模型近似透视投影模型,正交投影模型如图 7.5 所示。正交投影模型可以看成透视投影模型的极限形式(即 $f \rightarrow \infty$)。正交投影模型的投影方程为

$$\begin{cases} x = X \\ y = Y \end{cases} \tag{7.4}$$

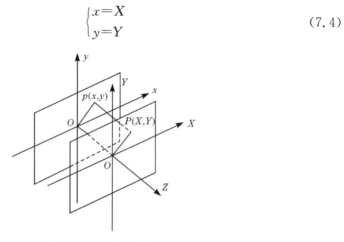

图 7.5　正交投影模型

7.3.2　非透视投影成像模型

在实际应用的过程中,有一些视觉传感器为了获得变分辨率或者大视场角的观察效果,往往采用各种特殊的透镜来扭曲光路。而得到的图像往往出现扭曲、拉伸和压缩等变形效果。为了能够准确理解图像,必须建立准确的成像模型,得到符合实际的光传输函数。下面将分别对反射折射成像模型、屈光成像模型进行介绍。

1) 反射折射成像模型

反射折射成像类视觉传感器可以看成外界光线投射在一个向上开口圆锥曲线平面上,然后将双曲平面上的投影利用传统的透视投影投射在成像平面上。此处列举双曲平面成像模型以及抛物平面成像模型。

如图 7.6(a)所示,双曲面 S_h 的焦点位于坐标 $F = (0,0,0)^T$ 处。针孔摄像机的中心位于点 $C_h = (0,0,-2e)$。双曲面相机模型的光轴 l_h 经过 C_h 和 F 点。设双曲平面的表达方程为

$$S_h : \frac{x^2 + y^2}{a^2} - \frac{(z+e)^2}{b^2} = -1$$

其中,$e = \sqrt{a^2 + b^2}$。空间中的点 $X = (x,y,z)^T$ 将被投影到双曲平面的点 $X_h = (x_h, y_h, z_h)^T$ 上,并满足关系:

$$x_h = \lambda x, \quad \lambda = \frac{\pm a^2}{b\sqrt{x^2 + y^2 + z^2} \mp ez} \tag{7.5}$$

当连接焦点 F 和点 X 的连线与双曲面 S_h 有至少一个实交点时, 点 X 和点 X_h 的关系成立。此外, 参数 λ 决定了点 X 的几何位置。现假设式(7.5)的关系总是满足, 设 $m_h = (u_h, v_h)^\mathrm{T}$ 点是成像平面 π 上的一点。则双曲面 S_h 上的点 X_h 根据透视成像关系投影到成像平面 π 上:

$$u_h = f \frac{x_h}{z_h + 2e}, \quad v_h = f \frac{y_h}{z_h + 2e} \tag{7.6}$$

其中, f 是针孔摄像机的焦距。因此, 空间中一点 $X = (x, y, z)^\mathrm{T}$ 对应于图像平面上的点 m_h:

$$\begin{cases} u_h = \dfrac{fa^2 x}{(a^2 \mp 2e^2)z \pm 2be\sqrt{x^2 + y^2 + z^2}} \\[4mm] v_h = \dfrac{fa^2 y}{(a^2 \mp 2e^2)z \pm 2be\sqrt{x^2 + y^2 + z^2}} \end{cases} \tag{7.7}$$

如图 7.6(b)所示, 抛物面 S_p 的焦点位于点 $F = (0,0,0)^\mathrm{T}$ 处。抛物面相机模型的光轴 l_p 将点 F 与图像成像中心点 O_p 相连。则抛物面的表达方程为

$$S_p : z = \frac{x^2 + y^2}{4a} - a$$

其中, a 是抛物面方程的参数。当焦点 F 和点 X 的连线与抛物面 S_p 存在至少一个实交点时, 空间中一点 $X = (x, y, z)^\mathrm{T}$ 与抛物面 S_p 上的对应点 $X_p = (x_p, y_p, z_p)^\mathrm{T}$ 符合以下规律:

$$x_p = \lambda x \tag{7.8}$$

此外, 比例系数 λ 有两个解。而从空间点与抛物面的几何外形考虑, 一般取值为正的解, 表示为

$$\lambda = \frac{2f}{\sqrt{x^2 + y^2 + z^2} - z} \tag{7.9}$$

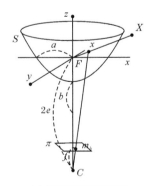
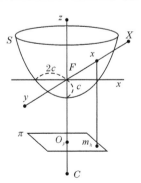

(a) 双曲平面成像模型　　　　(b) 抛物平面成像模型

图 7.6　两种反射折射成像模型

设点 $m_p=(u_p,v_p)^T$ 是图像平面 π_p 上的一点,则抛物面 S_p 上的点 X_p 将正交投射到图像平面 π_p 上的点 m_p 上,且有

$$u_p=x_p,\quad v_p=y_p \tag{7.10}$$

因此,空间中一点 $X=(x,y,z)^T$ 对应图像上的点 m_p 的表达式为

$$u_p=\frac{2ax}{\sqrt{x^2+y^2+z^2}-z},\quad v_p=\frac{2ay}{\sqrt{x^2+y^2+z^2}-z} \tag{7.11}$$

2) 屈光成像模型

屈光成像模型可以看成外界光线投射在一个向下开口的圆锥曲面上,然后将圆锥曲面上的投影利用正交投影,投射在成像平面上的过程。这一过程与复眼的光感受器的布局排列具有相似性。

如图 7.7 所示,在光轴球面坐标系下,球面 S 的圆心(即两重合焦点)位于 $O_a=(0,0,0)^T$ 处,抛物面相机模型的光轴将点 O_a 与图像成像中心点 O_i 相连。则半球面的表达式为

$$S:r=R,\quad \theta=[0,0.5\pi]$$

其中,R 是半球面的半径。当点 O_a 和点 X 的连线与半球面 S 存在实交点时,空间中一点 $X=(r_a,\theta_a,\varphi_a)^T$ 与半球面 S 上的对应点 $x_s=(r_s,\theta_s,\varphi_s)^T$ 符合下面的规律:

$$r_s=R,\quad \theta_s=\theta_a,\quad \varphi_s=\varphi_a \tag{7.12}$$

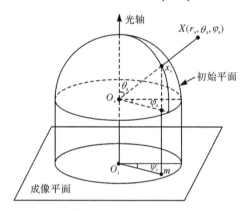

图 7.7　半球面屈光成像模型

设点 $m=(\rho,\psi)^T$ 是图像平面 $O_i\text{-}\rho_i\psi_i$ 上的一点,则半球面 S 上的点 x_s 将正交投射到图像平面 $O_i\text{-}\rho_i\psi_i$ 上的点 m,且有

$$\rho=r_s\sin\theta_s,\quad \psi=\varphi_s \tag{7.13}$$

因此,空间中一点 $X=(r_a,\theta_a,\varphi_a)^T$ 对应于图像上点 m 的表达式为

$$\rho=R\sin\theta_a,\quad \psi=\varphi_a \tag{7.14}$$

观察式(7.14),可以发现球面屈光成像模型的表达形式十分简洁。事实上,

前面述及的折射反射成像模型、非球面屈光模型甚至是透视投影模型都可以投影到这个理想的模型下。鉴于屈光球面成像模型具有优良的性质,故定义球面图像为屈光球面成像模型下的图像,并将其作为理想的基准模型。

7.4　ORIFL190-3 鱼眼镜头的成像模型

对于鱼眼镜头来说,其视场角往往接近或者超过 $180°$,并且大多数的鱼眼镜头在整个视场中没有视觉盲区。若采取透视投影模型,则根据式(7.2),有 $x \to \infty$ 或 $y \to \infty$,这意味着感光平面无限大,在实际中显然是无法实现的。而根据投射反射成像模型的定义,要求外界光线与圆锥曲面的焦点连线与圆锥曲面的交点必须位于焦点上方位置。因此,基于这类原理的镜头中心部分将得不到图像,这与鱼眼图像的实际情况是不符的。

经过观察可知,鱼眼镜头的成像规律符合屈光成像模型。在该模型中,成像大致分为两个阶段,第一个是外界空间的点经过与半球球心的连线,在球面投射出对应点,第二个是半球面上的投影点再正交投影到垂直光轴的图像平面。其中,第一阶段是线性比例变换,第二阶段是非线性变换。由于实际工艺水平和几何光学限制,实际的鱼眼镜头屈光成像模型并不严格满足理想的半球面模型。现以 Omnitech 公司的 1/3in 鱼眼镜头 ORIFL190-3 为例,对其进行成像模型的矫正。

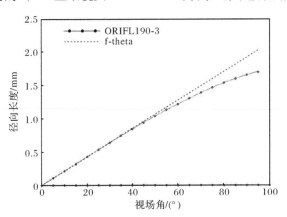

图 7.8　ORIFL190-3 镜头的径向长度-视场角关系图

图 7.8 是 ORIFL190-3 说明书中给出的视场角-径向长度(field angle-image height)关系图(注:该处的视场角实际是轴向夹角,即视场角的一半)。图中的虚线代表 f-theta 镜头,可以看出 f-theta 镜头是一种径向距离与视场角成正比的镜头。图中的实线代表 ORIFL190-3 镜头,镜头的视场角大至 $190°$。通过描点取值,以 $5°$ 为间隔,在 $5° \sim 90°$ 内取出图像的径向长度值。由式(7.14)可知理想半球面模

型的视场角-径向长度关系。现重写为

$$\rho = R\sin\theta_a$$

现对理想模型进行相同的角度采样,其中,R 取 90°时图像的径向长度值,即假设实际模型和理想模型的成像平面具有相同大小。测试结果如表 7.1 所示。

表 7.1　ORIFL190-3 镜头与理想半球模型的径向长度-视场角比较

度数/(°)	ORIFL190-3 径向长度/mm	理想模型径向长度/mm	两者比值
5	0.114	0.145	0.79
10	0.222	0.288	0.77
15	0.333	0.429	0.78
20	0.437	0.567	0.77
25	0.541	0.701	0.77
30	0.638	0.829	0.77
35	0.746	0.951	0.78
40	0.846	1.066	0.79
45	0.940	1.173	0.80
50	1.041	1.270	0.82
55	1.131	1.358	0.83
60	1.221	1.436	0.85
65	1.308	1.503	0.87
70	1.388	1.558	0.89
75	1.467	1.602	0.92
80	1.533	1.633	0.94
85	1.603	1.652	0.97
90	1.658	1.658	1.00

由表 7.1 可以看出,ORIFL190-3 的各个角度的径向长度都要短于理想模型,且视场角越小,径向的压缩程度越大。这样的鱼眼镜头与理想球面模型相比,会使图像向中心压缩,并适当缓解大角度的边缘区域的致密图像分布。对这样的曲面进行成像模型构造,可以分为模型法和参数法两种。模型法是将成像近似解释为一个规则几何体,通过确定几何体的形状参数来找到成像规律。参数法是将成像的映射点找到,通过多项式对映射点集合进行拟合。为了使成像模型便于理解,采用模型法进行模型解释。

图 7.9 是圆锥曲线的旋转平面构成的成像模型。经过实验拟合,均无法很好地与表 7.1 中的比值数据描点图吻合。

经过观察发现,该曲面的形状贴近于球面。如图 7.10 所示,实际球面的球心

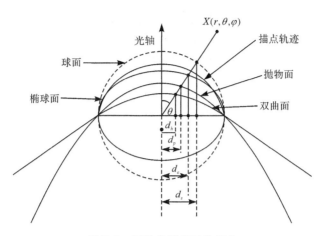

图 7.9　圆锥曲线旋转体拟合

O' 位于光轴的负半轴,距离理想球面圆心 O_a 的距离为 0.531mm。对构建模型的相对径向长度(相对理想球面屈光模型径向长度的比值)也在 5°～90°内每隔 5°进行取值,得到结果如表 7.2 所示。

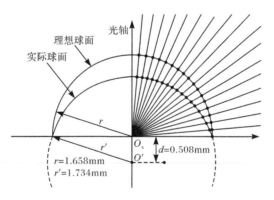

图 7.10　球面拟合模型

表 7.2　球面拟合模型的视场角-相对径向长度关系

视场角/(°)	5	10	15	20	25	30	35	40	45
相对径向长度	0.74	0.74	0.74	0.75	0.76	0.77	0.78	0.79	0.80
视场角/(°)	50	55	60	65	70	75	80	85	90
相对径向长度	0.82	0.84	0.86	0.88	0.90	0.92	0.95	0.97	1.00

经过计算,球面拟合模型与 ORIFL190-3 镜头相对长度的平均误差 $\bar{e}_r =$ 0.0061,误差的标准差 $\sigma_e = 0.0177$。因此,假设的球面拟合模型可以表达该款镜头的成像特征。下面建立图像平面上的点与空间点的对应关系。

　　如图 7.11 所示,将投影到拟合球面上的点按照正交投影关系投射到图像平面上,因为拟合球面满足光轴旋转对称的性质,故方位角的关系仍然成立。轴向夹角 θ_a 与图像上的径向长度 ρ 存在图中的三角关系。图 7.11 中的虚线构成直角三角形,有

$$\tan\theta = \frac{\rho}{\sqrt{r'^2 - \rho^2} - d}$$

　　综上,得到 ORIFL190-3 鱼眼镜头的拟合模型以及成像关系为

$$\tan\theta = \frac{\rho}{\sqrt{r'^2 - \rho^2} - d}, \quad \psi = \varphi \tag{7.15}$$

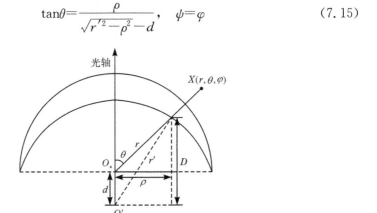

图 7.11　拟合模型的投影关系

7.5　鱼眼图像的球面映射

　　实际上,鱼眼视觉传感器得到的是平面上边界为圆形的二维图像 $I(x, y)$,因此,必须将得到的鱼眼图像投影到理想屈光球面上,得到球面亮度模式 $I_S(\theta, \varphi)$,以进行后续球面光流场的计算。下面针对 7.4 节中介绍的 ORIFL190-3 鱼眼镜头进行球面映射变换的推导。

　　图 7.12 是 ORIFL190-3 鱼眼镜头结合 1/3in 黑白 CCD 拍摄的图像。鱼眼图像集中在一个圆形的区域内,圆心位置就是光轴坐标系穿过图像平面的位置,因此,确定圆区域的半径和圆心十分重要。圆心确定后,可围绕圆心建立极坐标系,这个坐标系就是图像坐标系 O_i-$\rho_i \psi_i$,在图像坐标系和光轴坐标系之间建立球面映射关系,即可完成映射。

　　(1) 提取鱼眼图像的边缘。一般地,视野中边缘附近的亮度与边缘之外的亮度会产生陡然的差值。因此,可以通过边缘检测,检测到一部分圆形图像边缘。根据实验结果,考虑使用 Canny 边缘检测,并将上下边缘分别设置为 0.1 和 0.25,

图 7.12　ORIFL190-3 所成的鱼眼图像

能够忽略掉相当一部分图像中场景的边缘。仿真结果如图 7.13(a)所示。

(2) 检测大圆参数。利用 Hough 变换检测圆心坐标(a,b)和半径 r。根据先验知识可知，整个矩形图像的分辨率为 640×480，而图像中的圆几乎与矩形内切。因此，设定检测圆半径 r 的范围为[220,240]，单位是像素，设定角度检测步距为 0.1，单位是弧度制，半径检测步长为 1，单位是像素，算法只取匹配边缘点数最大圆的参数，即圆周上拥有最多边缘点的圆。需要指出的是，ORIFL190-3 是一款 190°视场角的镜头，但此处分析仅限于 180°的范围，因此，需要去除半球以外的视野。根据径向长度-视场角的关系曲线就可以得到半球视场的真正半径长度，如图 7.13(b)所示。

(3) 球面映射变换。在找到圆点和半径之后，就要将图像坐标系下的平面图像投射到光轴坐标系下对应的球面。将图像平面投影回球面是一个逆函数的过程，变换可得

$$\rho=\sin\theta(\sqrt{r'^2-d^2\sin^2\theta}-d\cos\theta), \quad \psi=\varphi \tag{7.16}$$

其中，(ρ,ψ)是图像坐标系下的坐标，而$(\theta,\varphi,1)$是光轴坐标系下的坐标。则将 $\theta\in[0,0.5\pi]$，$\varphi\in[0,2\pi]$的等距正交网格上的各点投射到图像平面上。对应平面图像上的点并不总是在整数处，因此通过 2×2 像素的双线性插值得到采样值。仿真结果见图 7.14(a)。

(4) 球面正交网格的平滑。在(3)中得到的双线性插值结果使正交网格上的亮度模式出现许多不连续点，这主要是由双线性插值的求解阶数过低造成的。而样条曲线等高阶次的算法又存在着计算量大的问题，故考虑使用空域的 3×3 阶次的高斯滤波模板，设置标准差 $\sigma=1.5$，经过平滑后的正交网格图像就可以用来进行光流算法的求解。仿真结果见图 7.14(b)。

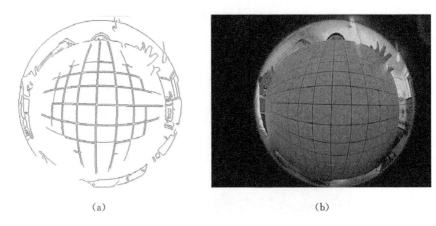

（a）　　　　　　　　　　　　　　　　（b）

图 7.13　边缘检测及圆参数求解结果

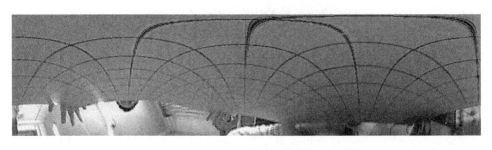

（a）

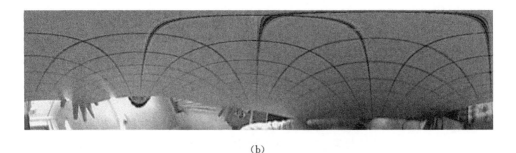

（b）

图 7.14　球面映射变换及高斯平滑结果

前面叙述了球面映射变换的全部过程。然而，一般情况下，视觉传感器的硬件系统在连续观察的过程中具有不变性。因此，图像序列中各帧图像的圆形视野区域、圆心位置乃至各个球面正交网格点，在图像平面的投影都保有不变性。故可以预先生成一个快速计算的查找表，即

$$F(\theta_i, \varphi_i) = (x_i, y_i), \quad i \in 1, 2, \cdots, N$$

在变换中,可以直接引用查找表的系数求解 $I_S(\theta_i,\varphi_i)$:

$$I_S(\theta_i,\varphi_i)=(y_i-[y_i],1+[y_i]-y_i)\begin{bmatrix} I([y_i],[x_i]) & I([y_i],[x_i]+1) \\ I([y_i]+1,[x_i]) & I([y_i]+1,[x_i]+1) \end{bmatrix}$$
$$\cdot\begin{bmatrix} x_i-[x_i] \\ 1+[x_i]-x_i \end{bmatrix} \tag{7.17}$$

其中,[•]表示取数值的整数部分,则可以通过矩阵迅速完成图像平面到球面图像场的映射变换。

7.6 球面光流场基本计算方法

7.6.1 透视投影模型下的图像场

发生在三维空间中的运动可以用运动场(motion field)来描述。用大地坐标系 $O\text{-}xyz$ 来建立运动场,则可以唯一确定空间中任意一点 $P_0(x_0,y_0,z_0)^\mathrm{T}$ 及其瞬间的速度 v_0。在经过 δt 时间后,该点将确定地运动至 $P_0'=P_0+v_0\delta t$。在透视投影坐标系下,图像上的对应点 P_i 将运动至 $P_i'=P_i+v_i\delta t$,如图 7.15 所示。图中运动场的速度 v_0 是 P_0 点位置矢量的时间倒数,而图像场的速度 v_i 也同理,则

$$v_0=\frac{\mathrm{d}r_0}{\mathrm{d}t},\quad v_i=\frac{\mathrm{d}r_i}{\mathrm{d}t} \tag{7.18}$$

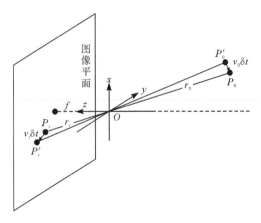

图 7.15 透视投影下的图像场与运动场的关系

由透视投影关系可知,r_0 和 r_i 的关系是

$$\frac{r_i}{f}=\frac{r_0}{\langle r_0,\hat{z}\rangle} \tag{7.19}$$

其中,$\hat{z}$ 表示 z 轴的单位向量;$\langle r_0,\hat{z}\rangle$ 表示 r_0 在 z 轴的投影长度,联立式(7.18)和式(7.19)可得

$$v_i = \frac{f}{\langle r_0,\hat{z}\rangle}v_0 \tag{7.20}$$

从图像场的角度出发,外界运动对应于图像上亮度模式的运动,光流就是图像亮度模式的表观运动。三维空间中的运动将通过透视投影成像模型投射在二维图像平面上,因此常常取定图像平面上的直角坐标系 O_i-x_iy_i,分别衡量图像上各个像元点的运动情况,则光流矢量被定义为

$$v_i = (\dot{x}_i,\dot{y}_i)^{\mathrm{T}} \tag{7.21}$$

其中,$\dot{x}_i$ 和 $\dot{y}_i$ 分别是像元点在两轴方向的变化率,在数字图像中,用像素作为度量单位。这是传统光流算法中光流矢量的物理定义,在后面被称为透视投影模型下的光流矢量。

7.6.2　球面屈光成像模型下的图像场

以屈光成像成像模型为基础,构建球面屈光投影模型下的图像场与运动场的关系。如图 7.16 所示,使用光轴坐标系 O_a-$r_a\theta_a\varphi_a$ 来建立运动场,可以确定空间中任意一点 P_0 $(r_0,\theta_0,\varphi_0)^{\mathrm{T}}$ 经过 δt 时间后,运动至 P_0' $(r_0',\theta_0',\varphi_0')^{\mathrm{T}}$ 点。现假设投影的球面是单位球面,则

$$r_s \equiv 1, \quad \theta_s = \theta_a, \quad \varphi_s = \varphi_a$$

故半球面上的点 P_i $(1,\theta_0,\phi_0)^{\mathrm{T}}$ 将运动至点 P_i' $(1,\theta_0',\phi_0')^{\mathrm{T}}$。现定义球面坐标系下与主轴之间的夹角 θ 为轴角,与初始平面之间的夹角 φ 称为方向角。定义轴角对时间的导数为轴角速度,记作 $\dot{\theta}=\partial\theta/\partial t$,定义方向角对时间的导数为方向角速度,记作 $\dot{\varphi}=\partial\varphi/\partial t$,则空间中任意一点的运动均可以描述为

$$\theta_0' = \theta_0 + \dot{\theta}\cdot\delta t, \quad \varphi_0' = \varphi_0 + \dot{\varphi}\cdot\delta t \tag{7.22}$$

这里还需定义球面图像场的概念,球面图像场不同于球面图像,不是最终成像的图像平面,而是球面屈光成像模型下的亮度模式在屈光球面的分布,引入光轴坐标系 O_a-$r_a\theta_a\varphi_a$,球面图像场所处的曲面是一个球心位于坐标系原点 O_a 的单位球,并且只取光轴正向的半球部分:

$$r \equiv 1, \quad \theta \in [0,0.5\pi], \quad \varphi \in [0,2\pi) \tag{7.23}$$

其上的任意一点都可以通过轴角 θ 和方向角 φ 唯一确定。

在球面图像场中,空间中点相对观察者的绝对距离信息被消除了,但其相对观察者的绝对方位信息却得到了保留。外界环境中的各种运动在这样的观察体系中,只存在单纯的方位变动。因此,定义球面图像场中的光流矢量为

$$q_a = (\dot{\theta}_a,\dot{\varphi}_a)^{\mathrm{T}} \tag{7.24}$$

其中,$\dot{\theta}_a$ 和 $\dot{\varphi}_a$ 分别是方向速度和轴角速度,一般使用角度制或弧度制的复合单

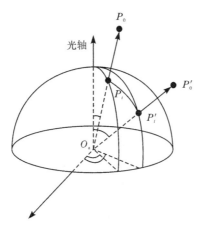

图 7.16　球面屈光成像模型下的图像场与运动场关系

位,这是球面图像场中求解光流向量的物理含义。

　　光流场毕竟只是运动场的一种近似。在如下情况下,光流场无法体现出运动场的运动特征:

　　(1) 在亮度均一或者亮度变化细微的区域,它们的亮度模式运动将无法在光流中表现,但亮度模式的变换仍然存在。如图 7.17(a)所示,空间中一个均匀的球体在恒定亮度绕直径自转的情况下,运动将不产生任何亮度模式的改变,也不会产生光流。

　　(2) 在场景不发生变化的情形下,如果光源是有限能量、有限距离并发生了位置的改变,则场景中的亮度模式将发生改变。如图 7.17(b)所示,空间中一个匀质球体静止不动,而光源相对其位置发生变化,则整个球体的光流场不为零,而此时的运动场为零值。

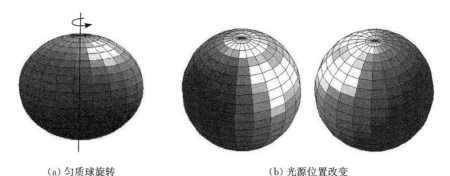

　　(a) 匀质球旋转　　　　　　　　　　　　(b) 光源位置改变

图 7.17　两种光流场与运动场不一致的情形

　　假设光源的照度分布服从函数 $u(r,\theta,\phi)$,空间中背景各点的反射传播特性服从时变函数 $f(r,\theta,\phi,u)$,则该点在视觉传感器中得到的像元亮度值为

$$F(r_\circ,\theta_\circ,\phi_\circ)=\widetilde{f}(r_\circ,\theta_\circ,\phi_\circ,u(r_\circ,\theta_\circ,\phi_\circ)) \tag{7.25}$$

其中,$u(r_\circ,\theta_\circ,\phi_\circ)$是被照射物体处的照度规律。上述的情况(1)是反射传播特性函数$\widetilde{f}(r,\theta,\phi,u)$不随运动发生改变而造成的;情况(2)是照度函数变成时变函数$\widetilde{u}(r_\circ,\theta_\circ,\phi_\circ)$造成的。现讨论图像场能够表现运动场的条件,亮度值函数$F(r_\circ,\theta_\circ,\phi_\circ)$对时间进行求导:

$$\frac{\mathrm{d}F}{\mathrm{d}t}=\frac{\partial\widetilde{f}}{\partial r}\frac{\partial r}{\partial t}+\frac{1}{r}\frac{\partial\widetilde{f}}{\partial\theta}\dot{\theta}+\frac{1}{r\sin\theta}\frac{\partial\widetilde{f}}{\partial r}\dot{\phi}+\frac{\partial\widetilde{f}}{\partial u}\left(\frac{\partial u}{\partial r}\frac{\partial r}{\partial t}+\frac{1}{r}\frac{\partial u}{\partial\theta}\dot{\theta}+\frac{1}{r\sin\theta}\frac{\partial u}{\partial\varphi}\dot{\phi}\right) \tag{7.26}$$

由式(7.26)可知,图像场能够很好地近似运动场的条件如下:

(1) 照度函数$u(r,\theta,\phi)$恒定,或者照度满足

$$\frac{\partial u}{\partial r}\frac{\partial r}{\partial t}\equiv0, \quad \frac{\partial\widetilde{f}}{\partial u}\cdot\frac{1}{r}\frac{\partial u}{\partial\theta}=\text{const}, \quad \frac{\partial\widetilde{f}}{\partial u}\cdot\frac{1}{r\sin\theta}\frac{\partial u}{\partial\phi}=\text{const} \tag{7.27}$$

即照度分布与运动场的运动有线性关系。

(2) 反射传播规律与径向运动无关,即$\partial\widetilde{f}/\partial r=0$。

但大多数情况下,光流场仍然是运动场较好的近似。光流可以表达图像中的变化,光流中既包含了被观察物体运动的信息,也包含了与其有关的结构信息。通过光流分析可以确定场景三维结构和观察者与运动物体之间的相对关系。

7.6.3　透视投影模型下光流场的基本约束方程

Horn 和 Schunck 在相邻像素之间的时间间隔很小($<n\times10\text{ms}$)且图像灰度变化很小的前提下,提出了图像灰度恒定的基本假设,即连续相邻的不同图像上,对应于物体上同一点的像素灰度值是相同的。从而推导出了灰度图像光流场计算的基本等式。

记时刻 t 图像上一点 P_i 的位置为 $r_i=(x_i,y_i)^\text{T}$,$v_i=(\dot{x}_i,\dot{y}_i)^\text{T}$ 是该点在图像平面上的运动速度。经过 δt 时间之后点 P_i 运动到一个新的位置 $r_i'=(x_i',y_i')^\text{T}$。根据图像灰度恒定的基本假设,有下式成立:

$$I(r_i,t)=I(r_i',t+\delta t)=I(r_i+v_i\delta t,t+\delta t) \tag{7.28}$$

其中,I是图像的灰度函数。应用泰勒展开公式,式(7.28)可以写成

$$I(r_i,t)=I(r_i,t)+\frac{\partial I}{\partial x}\dot{x}\delta t+\frac{\partial I}{\partial y}\dot{y}\delta t+\frac{\partial I}{\partial t}\delta t+O(\delta t^2)$$

即

$$\frac{\partial I}{\partial x}\dot{x}\delta t+\frac{\partial I}{\partial y}\dot{y}\delta t+\frac{\partial I}{\partial t}\delta t+O(\delta t^2)=0 \tag{7.29}$$

在时间间隔很小时,忽略高阶无穷小量,式(7.29)可化为

$$\frac{\partial I}{\partial x}\dot{x}+\frac{\partial I}{\partial y}\dot{y}+\frac{\partial I}{\partial t}=0 \tag{7.30}$$

即

$$(\nabla I)^{\mathrm{T}} v_i + I_t = 0 \tag{7.31}$$

其中,$\nabla I = (\partial I / \partial x, \partial I / \partial y)$,表示图像中 P_i 点处的灰度梯度,可以直接通过梯度算子求出。$\partial I / \partial t$ 也可以通过相邻图像求得。

式(7.31)是关于速度 v_i 的约束方程,称为光流场计算的基本约束方程。然而,只有光流场的基本约束方程是无法求解光流场的。这就是孔径问题:孔径问题反映的是二维光流场估算运动问题的不唯一问题。假设每个像素都是独立变量,那么位置个数将是基本方程个数的两倍。虽然方程的个数与图像中像素的个数是相等的,但每个像素的运动矢量却由两个分量决定。理论分析表明仅能确定在任何像素上,垂直于空间图像梯度方向上的运动。

为了能够正确确定运动场,则需要根据实际情况对得到的光流场做一些合理的假设和约束。根据对光流场的条件约束不同,将得到不同的光流场求解方法。

7.6.4　基于时空梯度的透视投影光流算法

经典光流算法对于孔径问题的求解假设主要有:①矢量场平滑假设;②加权最小平方假设。而 HS(Horn-Schunck)算法和 LK(Lucas-Kanade)算法分属这两种假设,下面分别进行介绍。

1) 矢量场平滑假设及 HS 算法

矢量场平滑假设的思路是:假设求解得到的光流场具有某一阶统计量的不变性或者连续性。基于这个前提,构造一个能量函数,使该能量取得极小值。

$$J = \int_{\Omega} \mu_0(f_0) + \int_{\Omega} \mu_\Lambda(f_\Lambda) \tag{7.32}$$

如式(7.32)所示,能量函数一般由两部分构成。f_0 是满足的基本约束,这个约束是恒成立的,在光流计算中通常取为光流场的基本约束方程(式(7.31))。$\mu_0(\cdot)$ 是对基本约束的惩戒函数,即对那些不符合基本约束的数据点进行惩罚。与约束偏差越大,函数的值越大。f_Λ 是满足的假设约束,这个约束就是前面提及的对于光流矢量场满足的统计量特征的假设。同理,$\mu_\Lambda(\cdot)$ 是对于假设约束的惩戒函数。故在求解范围内,式(7.32)整体积分有极小值的条件是所有数据点都尽可能满足基本约束和算法假设。

HS 算法提出的假设是,由同一物体运动引起的光流场应该是连续的、平滑的。换言之,就是在求解区域内,光流场矢量沿各个方向的变化率尽可能为接近 0 的常数。该基本约束选择了光流场的基本约束方程,假设约束选择的是光流矢量的一阶微分。在惩戒函数方面,$\mu_0(\cdot)$ 和 $\mu_\Lambda(\cdot)$ 选择的都是平方函数。另外,设定了一个调节基本约束和假设约束惩戒比例的常数因子。综上,HS 算法的能量函数定义为

$$J_{\mathrm{HS}} = \int_{\Omega} (I_x \dot{x} + I_y \dot{y} + I_t)^2 + \alpha(|\nabla \dot{x}|^2 + |\nabla \dot{y}|^2) \tag{7.33}$$

其中，$\nabla \dot{x} = (\partial \dot{x}/\partial x, \partial \dot{x}/\partial y)^{\mathrm{T}}$；$\nabla \dot{y} = (\partial \dot{y}/\partial x, \partial \dot{y}/\partial y)^{\mathrm{T}}$；$\alpha$ 是惩戒比例因子。一般地，当图像的灰度梯度数值病态性较低时，基本约束更加重要，故对其惩戒应该更大，即 α 应该较小。而当图像的灰度梯度数值病态严重或者噪声干扰过大时，假设约束更加重要，即 α 应该较大。HS 算法的原理简单，引入的是各向同性的平滑约束，忽略了边缘的不连续性。在处理运动物体边缘时会发生光流的"泄漏"，在处理有遮挡的情形时会出现"过平滑"现象。

2）加权最小平方假设及 LK 算法

加权最小平方假设的思路是，在求解的光流矢量场上的局部窗口内，每一个点都可能与光流场的基本约束方程存在着微小偏差，即

$$\left(\frac{\partial I}{\partial x} \dot{x} + \frac{\partial I}{\partial y} \dot{y} + \frac{\partial I}{\partial t} \right)^2 = \delta^2 \tag{7.34}$$

在一个小的邻域 Ω 内，对约束方程的偏差能量进行加权窗的统计，就是 LK 算法的核心思想。引入高斯平滑窗口，得到局部光流场的能量函数：

$$J_{\mathrm{LK}} = \int_{\Omega} W^2 * (I_x \dot{x} + I_y \dot{y} + I_t)^2 \tag{7.35}$$

其中，W 表示高斯窗口的权重函数，它使中心部分对约束产生的影响比外围区域更大，方差 ρ 的值决定邻域的影响，其值越大，鲁棒性越好。

LK 算法是线性系统的求解。如果图像的空间梯度值变化丰富，则该线性系统是良性的，能够得到唯一、可靠的光流。如果空间梯度接近 0，或者它的方向在小邻域内几乎不变，则这种局部优化方法将失败，可以使用 $A^{\mathrm{T}} W^2 A$ 矩阵的特征值来判断该点处的光流是否能够估计。

7.6.5　球面光流场基本约束方程

在黎曼流形中，旋转圆锥曲面的折射反射镜头以及类球曲面的屈光（鱼眼）镜头所得到的图像都可以转化到一个规整的球面上。因此，球面光流得以在这一类图像序列中得到应用。相比而言，球面光流场比透视投影光流场更近似于曲面视网膜的成像机制。球面本身在几何中也有着很多重要的性质：

（1）球面流形本身没有任何洞点；

（2）球面的平均曲率恒定且为正值，而平面流形为"零曲率"，故有着相似的性质；

（3）球面上的函数具有周期性；

（4）球面屈光投影关系使球面上的点与平面一一对应。

变分法在传统光流计算中得到了广泛应用。变分法的基本实质为哈密顿函数的最小化，该分析法有着与坐标系无关性的特点。而在球面光流中，主要使用

黎曼流形进行表达。因此,在后续黎曼流形下的球面光流场推导过程中采用变分法。图 7.18 是三种流形的示意图;图 7.18(a)是二维欧氏空间下一任意弯曲的曲面;图 7.18(b)是一个曲率恒为 1 的有限球面;图 7.18(c)是一个曲率恒为 0 的无限平面。

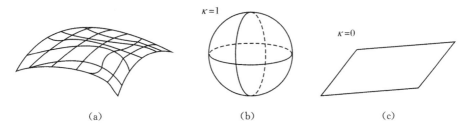

$$\kappa=1 \qquad \kappa=0$$

(a)   (b)   (c)

图 7.18 各种流形

黎曼流形下的光流探测问题可以描述为:求解 $\dot{y}$ 使方程

$$\langle \nabla_M \hat{f}, v \rangle = 0 \tag{7.36}$$

成立,该方程就是黎曼流形下的光流场基本约束方程。现定义球面光流场为球面屈光成像模型下的球面黎曼流形产生的光流场。下面在光轴坐标系 O_a-$r_a\theta_a\varphi_a$ 中,具体化黎曼流形中的各个参数,得出球面光流场的基本约束方程。设球面黎曼流形的球心位于光轴坐标系 O_a-$r_a\theta_a\varphi_a$ 的原点 O_a 处。球为单位球,即半径恒为 1。而又知道球面黎曼流形的度规张量 M 为

$$M = \begin{bmatrix} 1 & 0 \\ 0 & \sin\theta \end{bmatrix} \tag{7.37}$$

代入式(7.36)中,可以得到球面光流场的基本约束方程为

$$\frac{\partial I_S}{\partial \theta}\dot{\theta} + \frac{1}{\sin\theta}\frac{\partial I_S}{\partial \varphi}\dot{\varphi} + \frac{\partial I_S}{\partial t} = 0 \tag{7.38}$$

其中,I_S 是球面的亮度(灰度)模式。则在球面黎曼流形中,球面光流的空域梯度和时空梯度分别为

$$\nabla_S = M^{-1}\nabla_M = \left(\frac{\partial}{\partial \theta}, \frac{1}{\sin\theta}\frac{\partial}{\partial \phi}\right)^T \tag{7.39}$$

$$\nabla_{St} = \nabla_{Mt} = \left(\nabla_S^T, \frac{\partial}{\partial t}\right)^T \tag{7.40}$$

式(7.38)可以写成

$$(\nabla_S I_S)^T q + \partial I_S/\partial t = 0 \tag{7.41}$$

可见,球面光流场的基本约束方程与式(7.31)有着相同的表达形式,因而在后续光流场的求解算法上,可以继续沿用相同的约束思想进行研究。

7.6.6　黎曼空间中的梯度约束

　　球面黎曼流形的光流约束分为矢量场平滑假设和加权最小平方假设两种。类比透视投影成像模型下的光流算法,提出球面光流场中对应的时空梯度约束。下面介绍黎曼流形中的 HS(manifold-HS,M-HS)约束以及 M-LK 约束。

　　1) M-HS 约束

　　M-HS 约束是全局的一阶平滑,平面流形下的能量函数为

$$J_{HS} = \int_\Omega (I_x \dot{x} + I_y \dot{y} + I_t)^2 + \alpha(|\nabla \dot{x}|^2 + |\nabla \dot{y}|^2) \tag{7.42}$$

已知平面流形的度规张量 $M = \mathrm{diag}(1,1)$,则有

$$M^{-1}\nabla_M = \left(\frac{\partial}{\partial x}, \frac{\partial}{\partial y}\right)^T, \quad \nabla_{Mt} = \left(\frac{\partial}{\partial x}, \frac{\partial}{\partial y}, \frac{\partial}{\partial t}\right)^T \tag{7.43}$$

现假定一般性的二维黎曼空间,令 y_1、y_2 分别是空间的两个维度。定义 $\dot{y}_1$、$\dot{y}_2$ 分别是两个维度上的速度,定义 $v = (\dot{y}_1, \dot{y}_2, 1)^T$。HS 约束的能量函数可以用哈密顿算子表示为

$$J_{HS} = \int_M |\langle \nabla_{Mt} I_M, v \rangle|^2 \mathrm{d}m + \alpha \int_M (|\nabla_{Mt} \dot{y}_1|^2 + |\nabla_M \dot{y}_2|^2) \mathrm{d}m \tag{7.44}$$

　　2) M-LK 约束

　　M-LK 约束是加权最小平方假设的一类约束形式,平面流形下的能量函数为

$$J_{LK} = \int_\Omega W^2 * (I_x \dot{x} + I_y \dot{y} + I_t)^2 \tag{7.45}$$

LK 约束的能量函数可以用哈密顿算子表示为

$$J_{LK} = \int_\Omega \int_M W^2 |\langle \nabla_{Mt} I_M, v \rangle|^2 \mathrm{d}m \tag{7.46}$$

　　综上,通过将传统光流场看成平面黎曼流形,得到了黎曼流形下的三种基于时空梯度约束算法的能量函数。由于黎曼空间下的函数表达式具有坐标无关性,因此式(7.44)和式(7.46)的约束条件对球面黎曼流形依然成立,只是度规张量不再是单位矩阵,而是满足式(7.37)。

7.7　基于时空梯度的球面光流算法

7.7.1　基于全局平滑约束的 S-HS 算法

　　基于 M-HS 约束,现对其在球面黎曼流形下的具体表达式进行求解。这种方法就是球面光流场的 Horn-Schunck 算法(简称 S-HS 算法)。在泛函分析中,若存在双二元函数的泛函 $J[u(x,y), v(x,y)]$,其表达形式为

$$J[u(x,y),v(x,y)] = \iint_D F(x,y,u,v,u_x,u_y,v_x,v_y)\mathrm{d}\sigma \tag{7.47}$$

若函数 $u(x,y)\in U, v(x,y)\in V$ 使该泛函取得极值,则这两个函数满足双二元泛函奥氏方程组,如下式所示:

$$\begin{cases} F_u - \dfrac{\partial}{\partial x}F_{u_x} - \dfrac{\partial}{\partial y}F_{u_y} = 0 \\[3mm] F_v - \dfrac{\partial}{\partial x}F_{u_v} - \dfrac{\partial}{\partial y}F_{u_v} = 0 \end{cases} \tag{7.48}$$

黎曼空间中 M-HS 约束的能量函数满足泛函式的形式,故可以将能量函数最小化约束转变为 Euler-Lagrange 方程组的形式,则式(7.43)可写为

$$\nabla_M^{\mathrm{T}}\nabla_M\dot{y} = \frac{1}{\alpha}\langle\nabla_{Mt}I_M,v\rangle\nabla_M I_M \tag{7.49}$$

其中,∇_M^{T} 是 M 流形中的散度。已知黎曼空间 M 具有二维测度,则式(7.49)可以展开成方程组:

$$\begin{cases} \nabla_M^2\dot{y}_1 = \dfrac{1}{\alpha}\left(\dfrac{\partial}{\partial y_1}I_M\right)\left(\dfrac{\partial}{\partial y_1}I_M, \dfrac{\partial}{\partial y_2}I_M, \dfrac{\partial}{\partial t}I_M\right)A^{-1}(\dot{y}_1,\dot{y}_2,1)^{\mathrm{T}} \\[3mm] \nabla_M^2\dot{y}_2 = \dfrac{1}{\alpha}\left(\dfrac{\partial}{\partial y_2}I_M\right)\left(\dfrac{\partial}{\partial y_1}I_M, \dfrac{\partial}{\partial y_2}I_M, \dfrac{\partial}{\partial t}I_M\right)A^{-1}(\dot{y}_1,\dot{y}_2,1)^{\mathrm{T}} \end{cases} \tag{7.50}$$

已知计算体系是离散系统,故根据离散拉普拉斯变换的掩膜定义,符号 ∇_M^2 可以用核表示,如图 7.19 所示。图中的两个模板分别是 4-邻域拉普拉斯掩模和 8-邻域拉普拉斯掩模。

0	1	0
1	-4	1
0	1	0

1	1	1
1	-8	1
1	1	1

图 7.19　二维拉普拉斯计算核掩模

黎曼空间在球面图像场中的两个维度分别是轴角 θ 和方向角 φ,则有

$$\nabla^2 u = u - \bar{u} \tag{7.51}$$

$$(\dot{y}_1,\dot{y}_2) = q = (\dot{\theta},\dot{\varphi}) \tag{7.52}$$

$$A^{-1} = \mathrm{diag}(1, 1/\sin\theta, 1) \tag{7.53}$$

将上述关系代入,则可以得到

$$\begin{cases} \bar{\dot{\theta}} - \dot{\theta} = \dfrac{1}{\alpha}I_{S\theta}\left(I_{S\theta}\dot{\theta} + \dfrac{1}{\sin\theta}I_{S\varphi}\dot{\varphi} + I_{St}\right) \\[3mm] \bar{\dot{\varphi}} - \dot{\varphi} = \dfrac{1}{\alpha\sin\theta}I_{S\varphi}\left(I_{S\theta}\dot{\theta} + \dfrac{1}{\sin\theta}I_{S\varphi}\dot{\varphi} + I_{St}\right) \end{cases} \tag{7.54}$$

其中，$I_{S.}=\partial I_S/\partial\cdot$，将式(7.54)写成矩阵形式为

$$
\begin{bmatrix} \alpha+I_{S\theta}^2 & I_{S\theta}\left(\dfrac{I_{S\varphi}}{\sin\theta}\right) \\[2mm] I_{S\theta}\left(\dfrac{I_{S\varphi}}{\sin\theta}\right) & \alpha+\left(\dfrac{I_{S\varphi}}{\sin\theta}\right)^2 \end{bmatrix}\cdot\begin{bmatrix} \dot{\theta} \\[2mm] \dot{\varphi} \end{bmatrix}=\begin{bmatrix} \alpha\,\overline{\dot{\theta}}-I_{S\theta}I_{St} \\[2mm] \alpha\,\overline{\dot{\varphi}}-\left(\dfrac{I_{S\varphi}}{\sin\theta}\right)I_{St} \end{bmatrix} \tag{7.55}
$$

令 $I_{S\theta}=I_{S1}$，$I_{S\varphi}/\sin\theta=I_{S2}$，则表达式简化为

$$
\begin{bmatrix} \alpha+I_{S1}^2 & I_{S1}I_{S2} \\[1mm] I_{S1}I_{S2} & \alpha+I_{S2}^2 \end{bmatrix}\cdot\begin{bmatrix} \dot{\theta} \\[1mm] \dot{\varphi} \end{bmatrix}=\begin{bmatrix} \alpha\,\overline{\dot{\theta}}-I_{S1}I_{St} \\[1mm] \alpha\,\overline{\dot{\varphi}}-I_{S2}I_{St} \end{bmatrix} \tag{7.56}
$$

可以看到，当式(7.56)中的平滑系数 α 趋近于 0 值时，该式将无限退化至球面光流场基本约束方程(式(7.41))。系数矩阵较小的特征值也将趋近于 0 值。这时，平滑失效，方程病态性加重。全局平滑也可以看成一个能量扩散系统。以求解 $\dot{\theta}$ 为例，当前求解点的能量将会随着均值运算 $\overline{\dot{\theta}}$ 扩散。能量扩散是一个时间过程，若依靠单次运算，平滑过程会受到空域求解顺序的影响而失去效用，故考虑使用迭代法对式(7.56)进行求解。

令 $q^{(n)}=(\dot{\theta}^{(n)},\dot{\varphi}^{(n)})^{\mathrm{T}}$，表示第 n 次迭代的结果。则构建如下迭代方程：

$$
\begin{bmatrix} \alpha+I_{S1}^2 & I_{S1}I_{S2} \\[1mm] I_{S1}I_{S2} & \alpha+I_{S2}^2 \end{bmatrix}\cdot\begin{bmatrix} \dot{\theta}^{(n+1)} \\[1mm] \dot{\varphi}^{(n+1)} \end{bmatrix}=\begin{bmatrix} \alpha\,\overline{\dot{\theta}}^{(n)}-I_{S1}I_{St} \\[1mm] \alpha\,\overline{\dot{\varphi}}^{(n)}-I_{S2}I_{St} \end{bmatrix} \tag{7.57}
$$

对该方程组的求解结果为

$$
\begin{bmatrix} \dot{\theta}^{(n+1)} \\[1mm] \dot{\varphi}^{(n+1)} \end{bmatrix}=\begin{bmatrix} \overline{\dot{\theta}}^{(n)} \\[1mm] \overline{\dot{\varphi}}^{(n)} \end{bmatrix}-\frac{I_{S1}\overline{\dot{\theta}}^{(n)}+I_{S2}\overline{\dot{\varphi}}^{(n)}+I_t}{\alpha+I_{S1}^2+I_{S2}^2}\begin{bmatrix} I_{S1} \\[1mm] I_{S2} \end{bmatrix} \tag{7.58}
$$

比较式(7.58)与透视投影下 HS 算法的解可以发现，在不同的流形中，HS 算法具有相同的求解形式。在透视投影的光流场中，两个维度相互正交；而相似地，球面光流场中的轴角 θ 和方向角 φ 也具有正交性质。因此，这两种空间的正交网格(orthogonal grid)在拓扑结构上(除球面的极点外)是等价的(图 7.20)。但由于目前的成像是面积阵列的形式，一个像素点相应的亮度值取决于垂直照射入该像素感受面积元的可见光辐射能量的强弱(图 7.21)，而球面图像场还要经历一个正交投影产生的面积元非线性变换。因此，球面正交网格的面积测度差异受到曲率、度规张量以及正交投影关系的共同影响。因此，有必要对于 S-HS 算法进行优化。

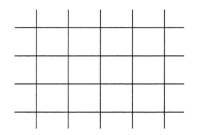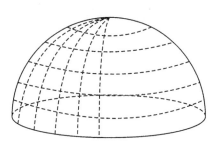

图 7.20　平面和球面的正交网格

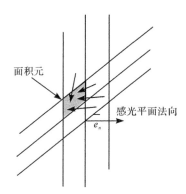

图 7.21　灰度 CCD 成像原理

7.7.2　基于局部平滑约束的 S-LK 算法

　　M-LK 约束在球面黎曼流形下的具体表达式便是球面光流场的 LK 算法(简称 S-LK 算法)。球面坐标系下的 LK 约束形式为

$$J_{\mathrm{LK}}(q(\theta,\varphi)) = \int_{\Omega(\theta,\varphi)}\int_S W^2 \left| \left(I_{S\theta}, \frac{1}{\sin\theta}I_{S\varphi}, I_{St}\right)(\dot\theta, \dot\varphi, 1)^{\mathrm{T}} \right|^2 \mathrm{d}s \qquad (7.59)$$

利用最小平方法求解,可以得到方程组:

$$\begin{cases} \displaystyle\iint_{\Omega(\theta,\varphi)}\int_S W^2 I_{S\theta}\left(I_{S\theta}\dot\theta + \frac{1}{\sin\theta}I_{S\varphi}\dot\varphi + I_{St}\right)\mathrm{d}s = 0 \\ \displaystyle\iint_{\Omega(\theta,\varphi)}\int_S \frac{W^2}{\sin\theta}I_{S\varphi}\left(I_{S\theta}\dot\theta + \frac{1}{\sin\theta}I_{S\varphi}\dot\varphi + I_{St}\right)\mathrm{d}s = 0 \end{cases} \qquad (7.60)$$

对方程组进行离散化得

$$\begin{bmatrix} \displaystyle\sum_{i=1}^n w_i^2 (I_{S1}^{(i)})^2 & \displaystyle\sum_{i=1}^n w_i^2 I_{S1}^{(i)} I_{S2}^{(i)} \\ \displaystyle\sum_{i=1}^n w_i^2 I_{S1}^{(i)} I_{S2}^{(i)} & \displaystyle\sum_{i=1}^n w_i^2 (I_{S2}^{(i)})^2 \end{bmatrix} \begin{bmatrix} \dot\theta \\ \dot\varphi \end{bmatrix} = - \begin{bmatrix} \displaystyle\sum_{i=1}^n w_i^2 I_{S1}^{(i)} I_{St}^{(i)} \\ \displaystyle\sum_{i=1}^n w_i^2 I_{S2}^{(i)} I_{St}^{(i)} \end{bmatrix} \qquad (7.61)$$

其中，w_i 表示局部平滑窗 W 第 i 个元素的权重系数；$I_{S1}^{(i)}$ 表示第 i 个元素的 I_{S1} 值，$I_{S2}^{(i)}$ 和 $I_{St}^{(i)}$ 同理。类似透视投影下 LK 算法，矩阵表达形式为

$$A^{\mathrm{T}}W^2 A \begin{bmatrix} \dot{\theta} \\ \dot{\varphi} \end{bmatrix} = A^{\mathrm{T}}W^2 b \qquad (7.62)$$

其中，$A = [\nabla_S I^{(1)}, \nabla_S I^{(2)}, \cdots, \nabla_S I^{(n)}]^{\mathrm{T}}$；$W = \mathrm{diag}(w_1, w_2, \cdots, w_n)$，$b = -[I_{St}^{(1)}, I_{St}^{(2)}, \cdots, I_{St}^{(i)}]^{\mathrm{T}}$。式(7.62)构成了一个闭式解，该线性方程组解的优良性与矩阵 $A^{\mathrm{T}}W^2 A$ 的特征值有着紧密的联系。

7.7.3　存在的问题

通过引入黎曼空间约束，结合球面光流场的基本约束方程，得到了两种基本时空梯度算法，然而直接执行基本算法得到的效果常常不理想。下面分析利用时空梯度求解球面光流场存在的问题。

(1) 对噪声敏感。时空梯度的运算实际上是离散域的微分运算，要求亮度分布 I_S 可微。而在微分系统中，误差常常会被几何级地放大，因此这类方法对于微小的噪声都很敏感。球面光流求解过程中，噪声的来源有原始传感器的热噪声及量化噪声、图像插值预处理的噪声等。一般在实际计算时，常常需要对数据进行预平滑，以避免混叠效应。

(2) 过平滑效应。平滑分量的引入一方面抑制了噪声，同时对图像的边缘进行了模糊，这将使物体的边界、形状等信息削弱。在平滑程度过大的情况下，矢量场的功率谱将集中在低频段，运动物体的区域将无法分辨，这就是过平滑效应。

(3) 低梯度值区域光流不可靠。一些运动物体表面的纹理较少，而另一些物体表面纹理高频率的反复出现，都会导致灰度不变的基本约束方程病态性地增加，从而导致梯度或较小，或各向同质，无区分性。

(4) 遮挡问题。在光流计算中，图像遮挡区域的速度场是突变的，这使某些像素点的移动和方向无从得知，这类问题一般通过时域预估计方式解决。

(5) 大尺度移动问题。由黎曼空间中的各种时空梯度约束可知，人们往往把光流求解转化为求能量函数的最值问题。泛函 $J(\cdot)$ 通常是速度的函数，而变分法又将最值问题近似看成了一个极值问题。在迭代光流算法中，一般初始速度的矢量 $q^{(0)} = (0, 0)$，因此光流矢量就被近似成了寻找 $q^{(0)}$ 附近泛函 $J(\cdot)$ 的极小值。若真实的光流矢量距离初始矢量较远(即位移尺度较大)，则不满足邻域条件，此时求得的光流矢量并不是真实矢量，而只是 0 值附近的极小值点。分层的金字塔式计算方法是该问题的一个解决方案。

7.7.4　基本算法的优化

1) 全局结合局部平滑算法的优化

观察时空梯度的两种算法可知,全局约束能够得到致密的光流矢量场,但在实际情况下,若原始图像序列出现噪声,全局法(S-HS 算法)将产生较大的误差。而对于局部法(S-LK 算法)而言,算法由于取到周围像素的时空梯度信息,因此具有更好的抗噪声性能。

为了能够得到致密的光流矢量场,同时又要具备一定的抗噪性能,考虑将 M-HS 约束与 M-LK 约束结合,构造全局结合局部约束的能量函数为

$$J_{HS} = \int_\Omega \int_M W^2 * \left| \langle \nabla_M I_M, v \rangle \right|^2 dm d\delta + \alpha \int_M \left(\left| \nabla_M \dot{y}_1 \right|^2 + \left| \nabla_M \dot{y}_2 \right|^2 \right) dm$$

(7.63)

其中,W^2 是一个合适的权重函数,可以用一个矩阵模板表示权重函数。

在约束上对基本约束方程的优化可以看成对能量函数的泛函,并将其转化到求解结果的空域上,有学者提出双中值操作:

$$q^* = \mathrm{Argument}\left(\mathrm{Median}_{\Omega(\theta,\varphi)}\left\{ \left| q \right| \leqslant T \left| \mathrm{Median}_S\left(\min J(q)\right) \right| \right\}\right) \quad (7.64)$$

式(7.64)可以解释为如下的几步操作:首先,计算出窗口内所有向量的长度中值 $\mathrm{Median}_S(\min J(q))$;其次,去除窗口内计算结果大于前一步中值 $\mathrm{Median}_S(\min J(q))$ 合适倍数 T 的点;最后,在窗口的剩余有值点中取中值作为窗口中心的光流矢量计算值。

2) 特征值判别应用于局部约束算法的优化

在局部优化 S-LK 算法中,算法给出的光流矢量解的形式是一个闭式的线性方程组,基本算法存在着线性方程组解的优良性问题。当 LK 约束的窗口选择不当,或窗口内的梯度分布相似度很高时,将使式(7.62)的条件数变得很大。为此,许多优化方式被提出,其中包括:①自适应窗口尺寸选择;②闭式求解转化为迭代求解;③利用矩阵 $A^T W^2 A$ 的特征值情况进行判决。现分别对特征判别进行描述。

设 λ_1 和 λ_2 分别是 $A^T W^2 A$ 矩阵较大和较小的特征值,则:

(1) 若 $\lambda_1 \to 0$,矩阵接近于空秩,不对该点进行光流求解;

(2) 若 $\lambda_2 > \tau$,其中 τ 是一个合适的门限,这时矩阵属于满秩状态,利用式(7.62)进行求解;

(3) 若 $\lambda_1 > \tau$ 而 $\lambda_2 \to 0$,矩阵的秩为 1,即只有基本约束方程的约束,则求解该点的光流法向分量。

有学者基于 $A^T W^2 A$ 矩阵特征值的判定思想提出了稀疏光流场的计算方式,即在整个图像区域中寻求稀疏分布的局部梯度极值点处求解光流:

(1) 计算整幅图像中每个像素点的 $A^T W^2 A$ 矩阵特征值 λ_2,并求出最大值;

(2) 舍去那些 λ_2 值不足最大值一定百分比的点,一般去 5%～10%;

(3) 在剩余的点中,挑出那些在自身所处邻域内为极大值 λ_2 的点,剩余的舍去;

(4) 在(3)中挑选一个子集,要求该子集中剩下的点两两之间的空域距离大于特定值,5个或者10个像素。

3) 光流矢量结果的时域平滑优化

在一段连续的球面图像序列中,场景中各点的运动将具有连续性。假设在一段连续的时间$(t_0-\tau,t_0+\tau)$内,图像中各个物体的运动规律不变,并且照度规律和反射传播规律均不发生改变,则可以使用下列积分式对求解结果进行平滑:

$$q(t_0) = w(t_0) * q(t_0) = \int_{t_0-\tau}^{t_0+\tau} w(t_0-t)q(t)\mathrm{d}t, \quad \int_{-\tau}^{\tau} w(t)\mathrm{d}t = 1 \quad (7.65)$$

现对式(7.65)进行离散化,可得

$$q(n_0) = w(n_0) * q(n_0) = \sum_{n=n_0-k}^{n_0+k} w(n_0-n)q(n), \quad \sum_{n=-k}^{k} w(n) = 1 \quad (7.66)$$

从中可以看出,该卷积系统是一个 IIR 系统,平滑具有累积效应。系统是非因果的,需要未来的速度参与平滑,因此在实时系统中需要对式(7.66)进行修改。可采用去除将来时刻的成分分量,即 $w(n)\equiv 0, \forall n>0$。

4) 金字塔算法策略

基本的梯度约束在变分法求解时,将最值用极值进行近似。因此,在图像中出现大位移物体时,相应的极值点往往不是最值点。为此,很多人提出了多分辨率的解决方法,即在不同分辨率的图像层次生成不同大小的网格,让算法从分辨率低的网格向分辨率高的网格层次逐级求解。在分辨率低的层次,能够得到位移中数值较大的分量并判断出速度的大致方向;在分辨率高的层次,能够进一步细化位移中的精细分量,指出精确的速度方向。

金字塔策略采用的是一组图像,序列的最顶层是一幅 $m\times n$ 的图像,其后各个层次的分辨率分别是$(2^{k-1}m)\times(2^{k-1}n)$,其中 k 是层数,最顶层的层数为1,最底层为 K。则原始图像的分辨率为$(2^{K-1}m)\times(2^{K-1}n)$,上一层次的图像是下一层次图像按照 1/4 缩小的结果。下面简述金字塔的算法策略:

(1) 构造金字塔图像组。将图像存储在金字塔的最底层,采用合适的作用算子自底而上地构建各层的图像。设第 k 层的像素为 $I_k(i,j)$,则缩小图像的作用算子可写成

$$I_k(i,j)=g(I_{k-1}(2i,2j),I_{k-1}(2i+1,2j),I_{k-1}(2i,2j+1),I_{k-1}(2i+1,2j+1))$$
$$(7.67)$$

其中,$g(\cdot)$表示作用算子。

(2) 使用特定的光流算法从最顶层向最底层逐级计算光流场分布,记第 k 层计算的速度为 $q_k(i,j)$。

(3) 这一步骤通常有两种实现方式。其一,利用上一层计算的速度 $q_k(i,j)$ 对图像场上的 $I_{k-1}(2i,2j)$、$I_{k-1}(2i+1,2j)$、$I_{k-1}(2i,2j+1)$ 及 $I_{k-1}(2i+1,2j+1)$ 进

行平移,从而形成该层的剩余光流场,代入(2)中求解。其二,若选取的是迭代算法,将上一层计算的速度 $q_k(i,j)$ 作为本层迭代的初始值,计算光流 $q_{k-1}(2i,2j)$、$q_{k-1}(2i+1,2j)$、$q_{k-1}(2i,2j+1)$ 及 $q_{k-1}(2i+1,2j+1)$。

(4) 若(3)采取第一种实现方式,则有

$$q(i,j) = \sum_{k=1}^{K} q_k\left(\frac{i}{2^{k-1}},\frac{j}{2^{k-1}}\right) \times 2^{k-1} \tag{7.68}$$

若采用第二种实现方式,则最终该点的速度等于最底层对应点的最终迭代结果。

7.7.5　优化算法

基于上述算法优化的思路,提出两种改进算法,即全局-局部平滑光流算法(简称 LK-S-HS 算法)和金字塔结构的 LK 算法(简称 Pyramid-S-LK 算法)。

1) 全局-局部平滑光流算法

该算法基于 S-HS 算法。首先,在获取时空梯度时,基础算法抗噪声性能较差,并且过于依赖单个像素点信息。因此,需要提取局部邻域信息以增强时空梯度的抗噪声性能。局部的加权平滑是通过式(7.63)实现的。加权窗的选取有两种方式,空间域的二维模板以及各个维度上的一维 FIR 滤波模板。考虑到计算量,这里选用空间域的二维模板,在本书的研究中,将使用无窗口、3×3 窗口以及 5×5 窗口。其中,3×3 窗口以及 5×5 窗口的模板 W^2 如图 7.22 所示。

1	2	1
2	4	2
1	2	1

1	2	4	2	1
2	4	8	4	2
4	8	16	8	4
2	4	8	4	2
1	2	4	2	1

(a) 3×3 窗口模板　　　　　(b) 5×5 窗口模板

图 7.22　3×3 窗口以及 5×5 窗口模板

其次,在迭代求解过程中,使用的均值模板是 4-邻域模板。在传统光流求解中,均值一般使用 8-邻域均值。与之相异,球面的正交网格度规张量是一个变化的量,因此,为了减小其影响,采用更为保守的 4-邻域均值。

2) 金字塔结构的 LK 算法

该算法基于 S-LK 算法。首先,在求解结构上,用变分辨率金字塔结构来取代线性方程组的闭式求解,用来解决大尺度移动量感知。

其次,算法根据空间梯度矩阵的特征值判定传统闭式解的可靠性,这样能够减小错误光流矢量对图像理解造成的影响。

7.8　实验仿真与结果分析

7.8.1　光流计算误差评价指标

1) 矢量角误差

特别地,在球面光流场中,求解的矢量 q 是角量,因此,不能直接定义球面光流场中的角度误差,而是定义矢量角误差。它的几何概念如图 7.23 所示。图中点 P 处有 q_1、q_2 和 q_3 三个光流矢量,矢量均为沿着球面表面的有向曲线。可以看到,q_1 和 q_2 同处于一个经过 P 点的大圆包络上,而 q_2 和 q_3 则不满足这样的条件。

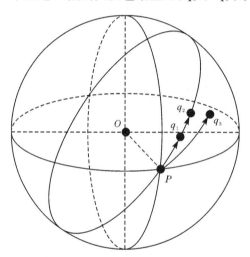

图 7.23　球面角量矢量同向的特点

由图 7.23 可以看出,q_1 和 q_2 的位置关系近似于平面上的"共线",而"共线"正是平面上矢量方向一致的一种判别方式。这种球面上的"共线"就可以视作为矢量角为 0 的判别依据。因此,类似地定义矢量角误差(vectorial angular error,VAE)为

$$\text{VAE} = \arccos(\hat{c} \cdot \hat{q}) \tag{7.69}$$

其中,c 和 q 分别是实际光流矢量和估计光流矢量,$\hat{\cdot}$ 是矢量单位化运算符。在算法评估中,通常使用平均矢量角误差 $\overline{\text{VAE}}$ 和矢量角误差标准差 σ_{VAE} 来衡量算法得到的矢量与真实光流矢量在方向上的偏差。另外,为了衡量极端情况下矢量角的误差以及最佳情况下算法的性能,在后续的仿真中还引入了最大矢量角误差 $\max(\text{VAE})$ 和最小矢量角误差 $\min(\text{VAE})$。

2) 矢量差幅值

矢量差幅值指的是算法估计的光流矢量与真实光流矢量之差的幅度大小,它表示估计光流与真实光流在矢量空间内的差值的大小。定义矢量差幅值(difference magnitude,DM)为

$$DM = \| c - q \|_2 \tag{7.70}$$

其中,$\| \cdot \|_2$ 表示矢量的 2-范数,即矢量的模值。相对矢量角误差而言,矢量差幅值对于场景的理解影响较小,对计算结果的简单平滑就能够避免极端误差的出现。相对地,一个光流算法能够线性跟随的最大响应幅值(maximum responding magnitude,MRM)却是影响该算法适用场合的重要指标。从另一个角度来看,最大响应幅值是指光流算法中的极值边界条件与最值问题等价的极限情形:

$$MRM = \max \left(\| q \|_2 \, \middle| \, \frac{q}{c} \geq k \right) \tag{7.71}$$

3) 法向光流矢量幅值差

方向光流幅值差指的是算法估计的光流在法向空域梯度上的分量与真实值法向分量的差值,由球面光流场基本约束条件确定光流的法向分量值,该项指标说明算法服从基本约束的情况。

7.8.2　球面光流场测试序列

在仿真实验中,将分别使用简单测试序列和 ORIFL190-3 鱼眼镜头的真实序列对各个光流算法进行测试。

1) 简单测试序列

进行光流算法测试最有效的办法是使用合成的场景序列。在合成序列中,场景中各个部分的速度、方向以及距离观察者的距离都是已知的。在透视投影模型中,有很多著名的测试序列,如 Yosemite 序列、Taxi 序列、Office 序列等。但是,由于目前在球面光流方面研究的稀缺,还没有一个标准的球面合成图像序列被广泛应用。因此,在本次仿真中,将使用简单的测试序列。

简单测试序列(simple testing sequences)假设球面图像背景为黑色,由一个扇形面棋盘格面构成。棋盘格由灰色和白色交替而成,如图 7.24(a)所示。按照球面映射变换关系,得到球面正交网格的平面图像,如图 7.24(b)所示,其中正交网格坐标系的分辨率为 360×90,角度分辨率为 1°/格。在后续的仿真序列中,将忽略该棋盘格扇形面的空间结构变化,整体移动棋盘格的位置。

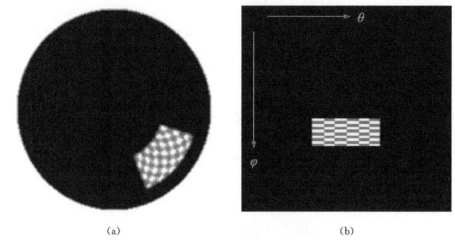

(a)　　　　　　　　　　　　　　　　(b)

图 7.24　简单测试序列

2) 真实图像序列

本次仿真实验采用的真实图像序列(real sequences)取自 Omnitech 公司的 ORIFL190-3 鱼眼镜头在 1/3in CCD 上得到的序列。序列是一个棋盘由远及近向着视觉传感器运动的过程。序列的第 34 帧和第 35 帧如图 7.25 所示。

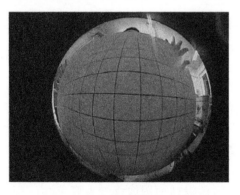

(a) 第 34 帧　　　　　　　　　　　　(b) 第 35 帧

图 7.25　棋盘序列第 34 帧和第 35 帧

7.8.3　最大响应幅值性能比较

对于光流算法,其能够达到的最大响应幅值决定了该算法所能应用的场合。若场景中存在大量快速运动的物体,而它们的速度都超过了光流算法的最大响应幅值,则这时得到的解将与实际结果相差较大。本次仿真使用了简单测试序列进行检测,图 7.24 所示物体同时向轴角 θ 正向和方向角 φ 正向移动相同的角度。实验取值 30 组,移动量为 $0° \sim 3°$,步长为 $0.1°$。

1) S-HS 算法的最大响应幅值

使用基本的全局平滑算法进行测试,选取平滑系数 $\alpha = 625$,循环迭代次数为 1000 次。计算梯度时采用 $[-0.5, 0, 0.5]$ 的模板。图 7.26 是选取棋盘格中心区域像素点 $(223, 45)$ 处的计算结果得到的曲线。

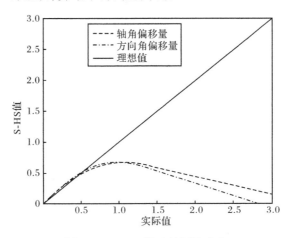

图 7.26　S-HS 算法的幅值响应

如图 7.26 所示,图中虚线代表轴角 θ 的偏移量,点画线代表方向角 φ 的偏移量,实线表示二者的实际偏移量。由曲线可以看出,实际算法的曲线只是在初期与真实值接近,当偏移量大于 1 个像素以上时,算法的单调性发生了改变。在大于 2.5 个像素偏移时,甚至出现了 $180°$ 的方向误差。当然,该点的幅值响应与简单测试序列中棋盘格的重复出现也有一定的相关性。总体来说,基本 HS 算法在大约 0.7 个像素偏移时达到了幅值响应的极限。

2) S-LK 算法的最大响应幅值

使用基本的 S-LK 算法进行幅值响应测试。为了减小邻域病态对结果的影响,采用有特征值区别的求解方式。算法分别采用了 3×3 和 5×5 的平均窗口进行测试,如图 7.27 所示。图 7.27(a) 是 3×3 平均窗口 S-LK 算法的幅值响应,图 7.27(b) 是 5×5 平均窗口 S-LK 算法的幅值响应。当局部平均窗口较小时,轴角 θ 和方向角 φ 的响应情况并不相同,方向角 φ 的响应跟随要优于轴角 θ。而在单调性方面,方向角 φ 一直维持到 1.8 个像素,而轴角 θ 只达到 0.5 个像素。在 3×3 的平均窗口作用下,轴角 θ 的最大响应幅值约为 0.5 个像素,方向角的最大响应幅值约为 1.2 个像素。当使用 5×5 的较大平滑窗口时,幅值响应曲线就有些类似全局 S-HS 基本算法。轴角 θ 的最大响应幅值在 0.4 个像素左右,方向角 φ 的最大响应幅值在 0.5 个像素左右,而当大于 0.5 个像素时,两个角度的幅值响应均保持了一个平稳过程。这说明当幅值大于极限响应值一定程度时,算法的响应值将在极值附近稳定。相比全局平滑的单调减区间,这种稳定的响应对图像理解的影响更小。因此,在基本算法层面上,局部平滑 S-LK 算法的幅值响应要优于全局平滑 S-HS 算法。

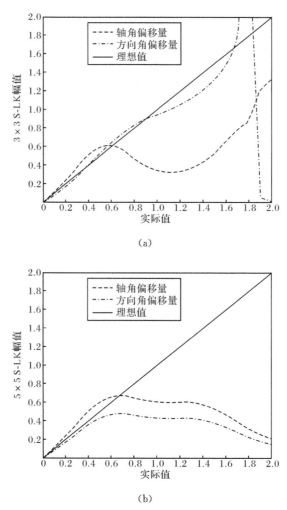

图 7.27　S-LK 算法的幅值响应

3) 金字塔结构的 LK 算法的最大响应幅值

这里采用的金字塔结构 LK 算法共使用了 3 层分辨率图像(包括原始分辨率层),每层使用的都是 5×5 的平均平滑窗,图像逐层按照 2 倍缩小,缩小时使用平滑模板确定中心区域值,使用的模板为[0.05,0.25,0.4,0.25,0.05]。算法从最低分辨率的顶层向底层逐层计算光流矢量,每一层计算完成后,使用平滑模板将矢量场的密度增大 2 倍(这里使用相同的模板),并将增稠的光流场作用于原始图像,得到该层的剩余光流初始图像。在下一层时,光流场的计算任务是计算剩余光流初始图像与下一时刻图像的残余光流场,以此类推。

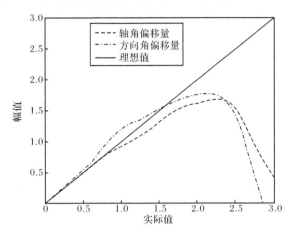

图 7.28　3 层金字塔结构 LK 算法的幅值响应

图 7.28 是 3 层金字塔结构 LK 算法的幅值响应。相比 S-HS 算法和 S-LK 算法而言,该算法的轴角 θ 和方向角 φ 的响应性能都成倍地提高。两个角的单调递增响应区间都接近 2.4 个像素。其中,方向角 φ 的响应性能要好于轴角 θ,轴角的最大响应幅值约为 1.6 个像素,方向角的最大响应幅值为 2 个像素。相比 5×5 窗口的 S-LK 算法,两个角的最大响应幅值都增加了 4 倍。这可以由金字塔结构简单得到,一种金字塔结构的优化算法较之基本算法的最大响应幅值的增加倍数为 K^{N-1},其中 K 为金字塔的传递倍数,N 为金字塔的层数。

本小节对 S-HS 算法、S-LK 算法以及金字塔结构的 LK 算法进行了最大响应幅值的简要仿真与分析。经过分析可知响应的单调性至关重要。在一个单调的区间里,一个求解的数值唯一对应一个真实的解值。反之,若区间不是单调的,将给真实值的判断带来很大的影响。理论上,若单调区间范围大于最大响应幅值,则可以通过矫正公式,得到超出最大响应幅值部分求解结果对应的真实值。因此,S-LK 算法平滑约束的幅值响应特性要优于 S-HS 算法。通过变分辨率的金字塔结构可以大幅度提升基本算法的最大响应幅值,具体的增大倍数按照金字塔的层数几何级递增。

7.8.4　矢量角误差比较

现比较 S-HS 算法、S-LK 算法、全局-局部平滑算法以及金字塔结构的 LK 算法的矢量角误差性能。在此,仍采用简单测试序列进行测试。仿真序列帧间轴角

θ 移动 0.3°、方向角 φ 移动 0.4°。在矢量角误差评价标准中,采用平均矢量角误差 $\overline{\text{VAE}}$、矢量角误差标准差 σ_{VAE}、最大矢量角误差 max(VAE) 和最小矢量角误差 min(VAE) 四个指标进行衡量。在此,认定简单测试区域中只有扇形棋盘格面发生移动,背景移动量为 0 值。因此,在进行统计时只统计棋盘格面的角度误差情况,即正交网格坐标($\theta \in [31,59]$, $\varphi \in [198,246]$)。

1) S-HS 算法的矢量角误差

首先验证平滑系数对矢量角误差的影响,选取循环迭代次数为 1000 次。计算梯度时采用 $[-0.5, 0, 0.5]$ 的模板。平滑系数分别取 10、50、100、500、1000,得到矢量角误差结果如表 7.3 所示。

表 7.3　平滑系数与矢量角误差的关系

平滑系数 α	10	50	100	500	1000
平均矢量角误差/(°)	6.4973	3.5907	4.6431	6.0858	6.2994
矢量角误差标准差/(°)	3.6294	3.0438	3.5453	4.0327	4.0962
最大矢量角误差/(°)	16.6699	14.0817	16.1315	18.0407	18.2962
最小矢量角误差/(°)	0.0016	0.0010	0.0128	0.0122	0.0243

由表 7.3 可以看到四项统计指标都有着相同的变化趋势,即在 50 附近有着最小的矢量角度误差,而系数太大或者太小都会引起更大的误差。在平滑系数过小时,迭代求解系统几乎只由光流基本约束方程控制,而对邻域像素的信息利用较少,因此对噪声比较敏感。而在过平滑的情况下,大量运动物体以外的背景约束被引入迭代系统,错误的平滑约束等同于噪声。在本例测试序列中,由于序列的运动十分规则,而运动的梯度也较强,因此最佳的平滑系数较低。在复杂的序列中,则需要相对较高的平滑系数。综合考虑,该项系数确定为 625。

其次,验证迭代次数对矢量角误差的影响,迭代次数分别取 100、500、1000、1500、3000 次,得到矢量角误差情况如表 7.4 所示。

表 7.4　迭代次数与矢量角误差的关系

迭代次数/次	100	500	1000	1500	3000
平均矢量角误差/(°)	11.1158	7.5062	6.1704	5.5855	4.9275
矢量角误差标准差/(°)	6.9594	5.0008	4.0581	3.5292	2.7717
最大矢量角误差/(°)	33.1069	22.7168	18.1425	15.7610	12.6243
最小矢量角误差/(°)	0.0447	0.0075	0.0075	0.0063	0.0050

由表 7.4 可以看出,四项误差指标也有着相同的变化趋势,即迭代次数越大,误差越小。然而,由于实际计算的实时性要求,需要综合考虑误差与计算耗时的关系。表中的平均矢量角误差随迭代次数的降低幅度的大致关系如图 7.29 所

示,因此较为合理的迭代次数为 1000～1500 次。

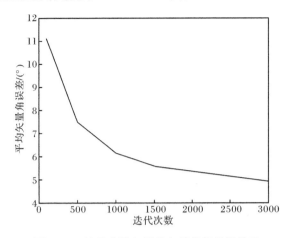

图 7.29　迭代次数与平均矢量角误差的关系

　　另外,控制 HS 算法迭代次数的另一个原因为运动区域的确定性受到了迭代次数的影响。如图 7.30 所示,(a)～(c)分别是迭代 100 次、500 次和 1000 次的 HS 算法计算结果,横纵坐标分别为方向角 φ 和轴角 θ,图中的矩形区域是扇面棋盘格的边界位置。随着迭代次数的增加,光流矢量场的运动边界越来越模糊,扇面棋盘格的运动在平滑约束作用下,周围没有运动的区域也有了光流能量。因此,控制迭代次数保持在合理的范围是必要的。

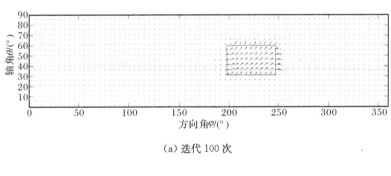

(a) 迭代 100 次

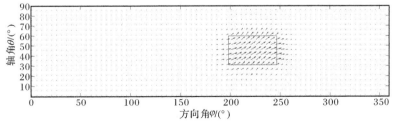

(b) 迭代 500 次

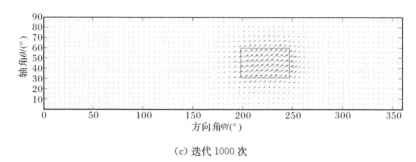

(c) 迭代 1000 次

图 7.30　不同迭代次数下的 HS 算法计算结果

2) S-LK 算法的矢量角误差

局部平滑算法中,窗口尺寸的选取决定了局部邻域信息的采集范围,若尺寸过小,空间梯度的变化不大,将使求解结果病态性较为严重。若尺寸过大,则会在运动对象的边缘区域产生错误的结果。这里采用的是有特征值区别的 LK 算法,以防止出现极端错误的情况。选取测试窗口从 2×2 到 11×11,矢量角误差情况如表 7.5 所示。

表 7.5　窗口尺寸与矢量角误差的关系

窗口尺寸	$\overline{\text{VAE}}$	σ_{VAE}	max(VAE)	min(VAE)
2	47.7182	39.6965	174.3915	0.6816
3	36.8907	39.8330	172.6181	0.0213
4	14.0272	14.3665	62.3471	0.0250
5	8.9322	4.7144	26.0922	0.0222
6	9.0735	4.9104	25.3499	0.0647
7	9.0788	4.8837	25.2902	0.0986
8	9.1556	4.8681	24.6941	0.0520
9	9.0095	4.9539	26.2649	0.0040
10	8.7347	4.0069	19.6997	0.0282
11	8.9261	4.1349	20.4943	0.0282

由表 7.5 可以看出,当选取窗口较小时(即前三组仿真),算法的矢量角误差严重,这是局部信息获取过少造成的,此时窗口的增大将带来误差的显著下降。而当窗口尺寸达到 5×5 时,误差的各项统计指标达到一个极小值。而在此之后,各统计量随着窗口的增加发生的变化并不明显,且无明显的变化趋势。故 5×5 的平均窗口是最优化的窗口尺寸。图 7.31 是窗口尺寸为 2×2、4×4、6×6、8×8、10×10 时的矢量场计算结果,横纵坐标分别为方向角 φ 和轴角 θ。

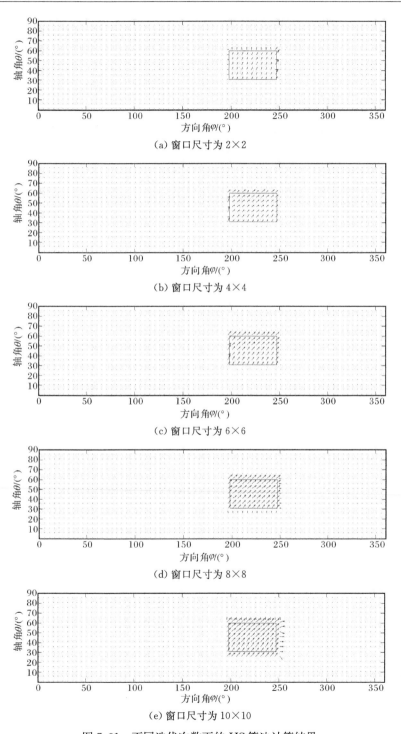

(a) 窗口尺寸为 2×2

(b) 窗口尺寸为 4×4

(c) 窗口尺寸为 6×6

(d) 窗口尺寸为 8×8

(e) 窗口尺寸为 10×10

图 7.31　不同迭代次数下的 HS 算法计算结果

观察图中的矢量场结果可以看出：当窗口选择过小时，光流场的角度偏差很大；而当窗口选择过大时，会在运动物体边界处出现与运动物体运动方向不连续的矢量突变。因此，无论窗口过大还是过小，都会导致光流场的运动理解产生失误。

3) 金字塔结构 LK 算法的矢量角误差

金字塔结构的算法中，金字塔的层数对矢量角误差的影响将通过下述两组仿真得出。沿用前面的简单测试序列，选择 5×5 的平均窗口，则不同层数的算法误差情形如表 7.6 所示。

表 7.6　金字塔层数与矢量角误差的关系

金字塔层数	$\overline{\text{VAE}}$	σ_{VAE}	max(VAE)	min(VAE)
1	8.9322	4.7144	26.0922	0.0222
2	2.2578	2.6977	14.5112	0.0032
3	4.1998	3.9681	31.3751	0.0028
4	4.0187	3.3458	19.1668	0.0034
5	4.0829	3.2511	18.9775	0.0024

由上述仿真结果可以看出，各层金字塔算法（层数大于 1 的情形）的误差情况要整体优于基本算法（层数为 1 的情形），其中 2 层金字塔算法最优秀。值得一提的是，这时棋盘格扇形面的帧间轴角 θ 移动 0.3 像素、方向角 φ 移动 0.4 像素，而 LK 算法的最大响应幅值为 0.5。表 7.7 是大位移的仿真结果，这时的标准矢量角依然不变，但矢量幅值增大 8 倍。棋盘格扇形面的帧间轴角 θ 移动 2.4 像素、方向角 φ 移动 3.2 像素。

表 7.7　大位移情形下金字塔层数与矢量角误差的关系

金字塔层数	$\overline{\text{VAE}}$	σ_{VAE}	max(VAE)	min(VAE)
1	96.4995	42.6191	179.7895	0.2167
2	71.6952	52.9592	136.5423	0.0115
3	4.6397	4.1508	29.8697	0.0014
4	1.3433	1.5713	15.6988	0.0001
5	1.3782	1.5324	14.5641	0.0002

在上述得到的仿真结果中，金字塔算法处理大位移的运动的能力得到了体现。此时最优的层数出现在 5 层金字塔处，而 4 层金字塔的最大响应幅值为 4 个像素。由此，可以得到最优层数的选择规律，若场景中的位移小于最大幅值响应的最小层数 N 层，则最佳的矢量角误差层出现在 $N+1$ 层。这也说明金字塔的层数不是越高越好，而应该与环境中的速度幅值范围相适应。

本小节对 S-HS 算法、S-LK 算法以及金字塔结构的 LK 算法进行了矢量角误差的仿真与分析。经过分析,S-LK 算法误差性能较为理想,其运动边缘特性也要好于 S-HS 算法。而金字塔结构的 LK 算法则能保证在大位移情况下保持算法角误差性能的优良性。

7.8.5　算法性能小结

经过仿真比较得出了在小位移下性能最优的基本算法,在 S-HS 算法中,一般取平滑系数 α 为 625,迭代次数为 1000;在 S-LK 算法中,一般取平均窗口的大小为 5×5。在多物体运动的情形下,适宜使用 S-LK 算法,而在噪声较大的情形下,适宜使用 S-HS 算法。在大位移情况下,应选用 5 层(含底层)的金字塔结构的 LK 算法。

7.8.6　真实序列仿真

在棋盘序列的光流计算中,采用金字塔结构的 LK 算法。由于两帧图像的运动细微,故考虑使用 4 层的金字塔结构。如图 7.32 所示,图 7.32(a)是投射到正交网格上的第 34 帧图像,(b)是金字塔结构的 LK 算法的计算结果。

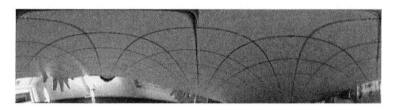

(a) 第 34 帧图像

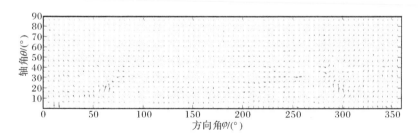

(b) 金字塔结构的 LK 算法的计算结果

图 7.32　棋盘序列的光流场计算结果

7.9　本章小结

　　球面光流场的求解是进行信息提取的重要前提条件,本章采用对比的方法,将球面光流场与透视投影光流场进行对比。本章定义了球面光流矢量场,并提出了图像场近似运动场的条件。之后,借助黎曼流形的概念,建立了球面光流场的基本约束方程。在黎曼空间中,得到了 M-HS 算法和 M-LK 算法的约束条件。通过将球面流形的条件代入,得到了球面光流场的两种基本算法:S-HS 算法和S-LK算法。通过对光流矢量在数值求解中存在问题的分析,提出了优化基本算法。本章也提出了球面光流场矢量的评价标准,即最大响应幅值和矢量角误差。最后,借助简单测试序列和真实场景序列,对两种基本算法和一种改进算法进行了性能的比较。

参 考 文 献

[1] 李杰,李兵,毛瑞芝,等.无人系统设计与集成.北京:国防工业出版社,2014.

第 8 章　图像光流仿真与实验系统

8.1　基于光流信息感知的计算机仿真实验系统

8.1.1　仿真实验平台及子系统搭建

仿真系统是基于 MATLAB R2014b 和 X-Plane 平台进行的,利用 Simulink 模块构建仿真子系统。X-Plane 是模拟飞行软件,主要用来模拟飞行过程、采集过程中的图像数据和飞行器的导航数据信息,并将其传给 Simulink 平台下的视觉制导信息处理系统和飞行控制系统。平台之间的数据流向如图 8.1 所示。

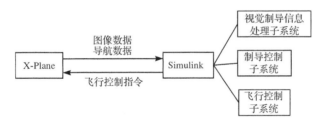

图 8.1　平台间数据流向图

Simulink 平台下构建的仿真系统主要包括三部分,包括视觉制导信息处理子系统、制导控制子系统以及飞行控制子系统。视觉制导信息处理子系统主要负责目标检测与跟踪,以及基于图像信息的飞行器位姿计算,并将目标的位置和角度信息以及飞行器的姿态信息提供给制导控制子系统或飞行控制子系统。视觉制导信息处理子系统主要包括光流计算模块、目标检测与跟踪模块、地平线检测模块、飞行器姿态估计模块。系统的输入、输出和中间模块处理过程如图 8.2 所示。

制导控制子系统主要负责接收视觉制导信息并设计制导律,生成制导指令;飞行控制子系统负责控制器设计及控制策略生成,并将控制指令输入 X-Plane 平台,控制飞行器飞行。

8.1.2　基于改进光流场的目标检测仿真实验与分析

目标信息处理是视觉制导信息处理子系统的任务之一,主要包括图像光流计算、基于光流的目标检测与跟踪。通过上述处理后,获得目标质心位置和角位置信息。光流计算模块包括对原始图像的预处理(平滑)、改进块匹配光流方法计算

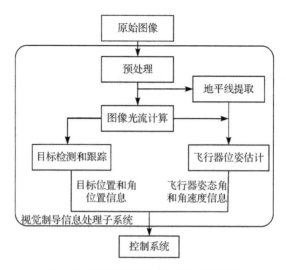

图 8.2　视觉制导信息处理子系统框图

图像序列的光流场以及光流矢量图像的灰度化。目标检测与跟踪模块主要完成背景运动补偿、光流矢量聚类、阈值选取、图像分割、区域连通检测、目标质心位置计算、目标角位置计算。获得目标质心位置和角位置信息后，将其输入制导控制系统中，控制飞行器调整位姿来修正目标角位置偏差，从而使目标保持在图像中心，实现图像中目标的跟踪制导。图 8.3 为基于光流的目标检测算法模块的具体组成。

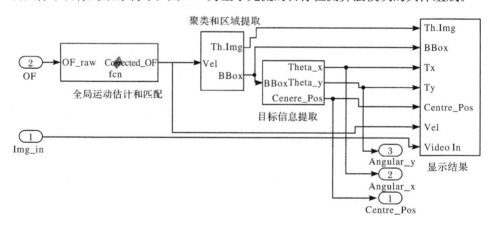

图 8.3　基于光流的目标检测算法仿真模块

为了验证算法的有效性，利用 X-Plane 平台模拟飞行器飞行，并将图像数据传回目标检测仿真模块进行处理，获得目标角位置信息。联合制导控制系统和飞行控制系统对模拟飞行器进行控制，要求使目标保持在图像中心，实现目标的稳定跟踪制导。目标信息处理实验的结果如图 8.4 所示，截取飞行过程中采集的图像序列,计算序列图像光流并检测目标。

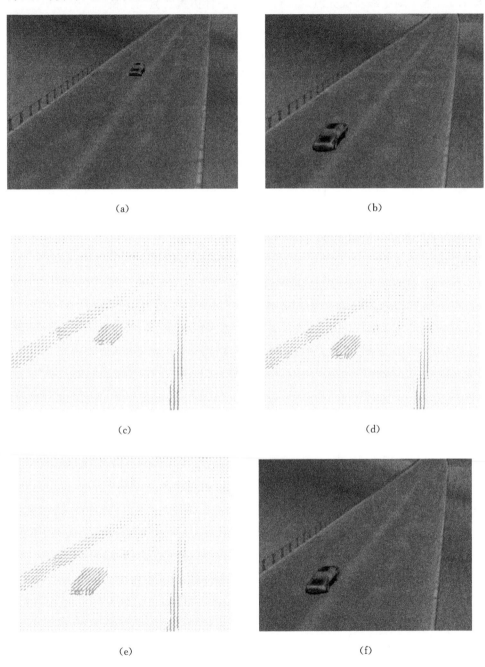

图 8.4　飞行过程中图像序列光流场以及目标检测结果

8.1.3　基于地平线特征光流的飞行器姿态估计仿真实验与分析

基于图像序列信息进行飞行器位姿信息处理是视觉制导信息处理系统的另一项重要任务。一方面用于制导信息的生成，另一方面是对飞行器导航控制的信息补充。本节在 X-Plane 和 Simulink 平台下对算法进行联合仿真实验，以进一步验证和分析算法的优势和不足。图 8.5 为飞行器姿态信息处理仿真系统，主要包括地平线光流计算和基于地平线的姿态信息提取两个模块，其中地平线提取包括边缘检测和地平线参数提取。

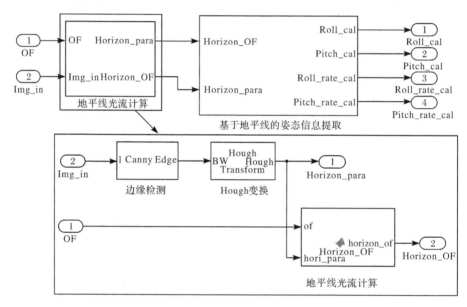

图 8.5　基于地平线和光流的姿态信息处理算法仿真模块

在本实验中，利用 X-Plane 平台模拟飞行器飞行，将飞行中拍摄的图像数据和飞行器真实的位姿数据传回 Simulink 仿真平台。通过飞行器姿态信息处理仿真系统对图像数据进行处理，提取图像中的地平线特征并计算飞行器姿态角和角速度。在飞行过程中，通过飞行控制系统在不同时间对滚转和俯仰通道加载一个正弦激励。X-Plane 平台模拟飞行器的视场为 $60°$，图像序列大小为 $1024×768$。这里假设该场景下的摄像机为标准的，因此不需要进行标定。图 8.6 和图 8.7 分别为图像序列中的地平线检测结果和姿态角、角速度估计结果及估计误差。

(a) 第 1 帧原图

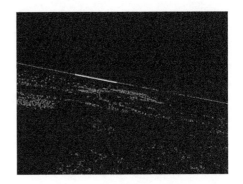

(b) 第 1 帧地平线检测结果

(c) 第 100 帧原图

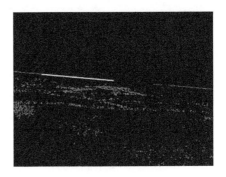

(d) 第 100 帧地平线检测结果

图 8.6　第 1 帧和第 100 帧的地平线检测结果

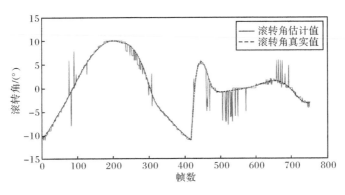

(a) 滚转角估计

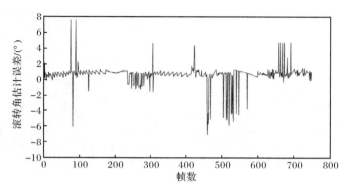

（b）滚转角估计误差

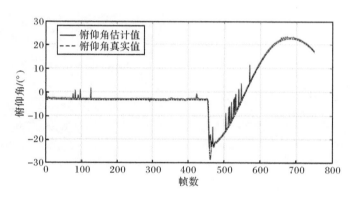

（c）俯仰角估计

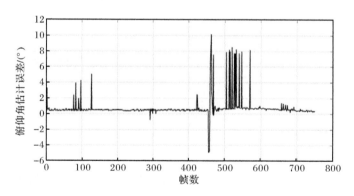

（d）俯仰角估计误差

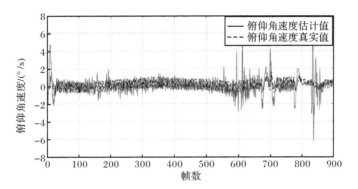

(e) 俯仰角速度估计

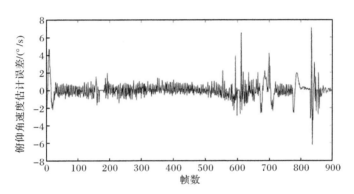

(f) 俯仰角速度估计误差

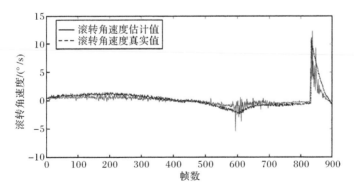

(g) 滚转角速度估计

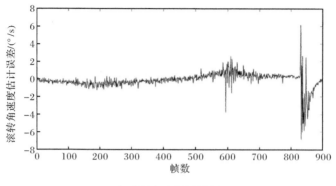

（h）滚转角速度估计误差

图 8.7　基于地平线和光流的姿态角及角速度估计结果

从图 8.7 所示的各参数估计结果来看,本书的姿态信息获取算法可以有效地提取飞行器的滚转和俯仰通道的角度与角速度,并获得较好的估计精度。当地平线提取错误或不存在地平线(如俯仰角过大)时,姿态角的估计结果会出现很大的误差,但对姿态角速度的估计影响不大。因此,考虑结合视场中存在的其他直线特征来估计飞行器的姿态信息,以弥补无地平线或检测错误时的误差,将提高算法的估计精度。各姿态参数的估计平均误差如表 8.1 所示。

表 8.1　姿态角和角速度估计平均误差

姿态估计参数	估计误差平均值
滚转角	$0.49°$
俯仰角	$0.74°$
滚转角速度	$0.57°/s$
俯仰角速度	$0.81°/s$

本书提出的基于地平线光流的飞行器姿态信息估计方法满足设计需求,可以作为视觉制导与控制中的姿态信息获取和修正的辅助手段。

8.2　基于匹配光流的避障计算机仿真实验系统

8.2.1　基于匹配光流的避障仿真实验系统

仿真系统采用 MATLAB2012b 平台,使用 Simulink 模块构建仿真环境,对上述算法进行仿真,总体仿真框架如图 8.8 所示。

仿真系统包括控制子系统、运动学子系统、虚拟现实子系统和计算机视觉子系统。其中,控制子系统负责对控制器设计及控制策略进行仿真,运动学子系统

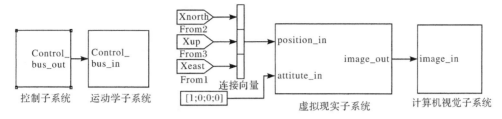

图 8.8　仿真系统总体架构

负责对飞行器运动模型进行仿真,虚拟现实子系统采用 MATLAB 自带的 Visual Reality 工具建立三维场景模型,并输出实际场景到计算机视觉子系统,后者是视觉算法部分,使用光流算法获得障碍信息,并将障碍信息反馈回控制子系统,构建完整的控制反馈回路。

　　仿真环境采用 VRML(virtual reality modeling language),大地坐标系采用东-北-天坐标系,原点位于跑道中心,XY 平面与大地平面重合;机体坐标系原点位于飞行器的质心,x 方向与机体纵轴平行,z 轴垂直向下指向地心,如图 8.9 所示。仿真环境参数如表 8.2 和表 8.3 所示。

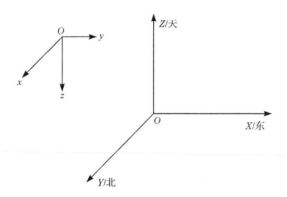

图 8.9　虚拟现实场景中坐标系定义

表 8.2　仿真环境中的障碍参数

项目	位置/m	长/m	宽/m	高/m
障碍 1	$(0,0.5,0)$	3	3	9
障碍 2	$(10,0.5,-10)$	3	3	9
障碍 3	$(-10,0.5,-10)$	3	3	9
障碍 4	$(0,0.5,-20)$	3	3	9

表 8.3　仿真环境中的飞行器参数

项目	参数
初始高度	5m
初始速度	$[-10,0,0]$m/s
飞行器初始位置	$[50,0,5]$m
飞行器质量	8kg
飞行器姿态	$[0,0,0]$rad

飞行器模型采用现有的某无人机模型,根据其辨识数据,飞行器偏航舵偏角与偏航过载之间的传递函数为式(8.1),其中 v 为空速:

$$G(s)=\frac{0.04v}{0.25s^2+0.5s+1} \tag{8.1}$$

避障控制器设计采用图 8.10 所示的 PID 导引控制器,其中 PID 参数为

$$K_P=1, \quad K_I=0.01, \quad K_D=3$$

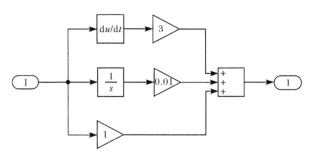

图 8.10　前向通路 PID 控制器设计

仿真场景如图 8.11 所示,视角分别位于飞行器后方 3m 和飞行器上。

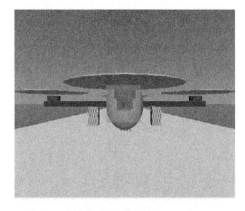

(a) 仿真场景(视角位于无人机后方 3m)　　　　(b) 仿真场景(视角位于无人机上)

图 8.11　避障仿真场景

8.2.2　光流避障仿真实验

图 8.12(a)～(f)是截取仿真过程中 1.31s、2.62s 和 4.43s 的仿真飞行场景（飞行器第一视角）。从上述场景中可以看出，借助基于匹配光流场的避障算法，障碍区域被可靠地提取出来，并控制飞行器进行障碍规避。图 8.12(g)显示了仿真 30s 时长中飞行器的避障航迹航迹，其中直线为飞行器预先设定的航迹，曲线为飞行器发现障碍后的规避航迹，方块为 4 个障碍的位置。飞行器在发现障碍后开始按照预先设定的避障控制律进行避障机动，并在障碍区域消失后，回归预先设定航迹。该仿真结果表明避障算法的可靠性和有效性。

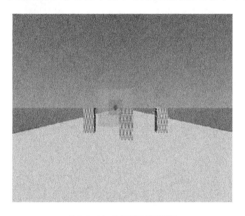

(a) 1.31s 时匹配光流场

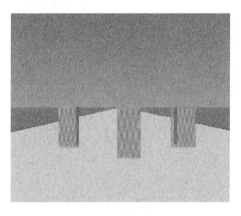

(b) 1.31s 时障碍提取结果

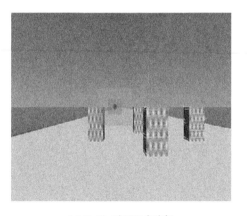

(c) 2.62s 时匹配光流场

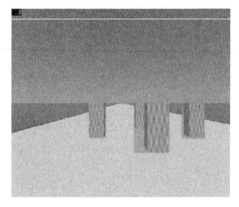

(d) 2.62s 时障碍提取结果

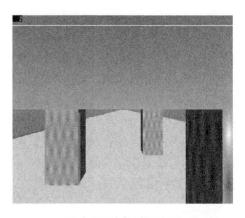

(e) 4.43s 时匹配光流场   (f) 4.43s 时障碍提取结果

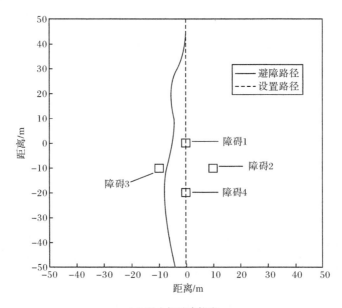

(g) 无人机避障航迹

图 8.12　二维避障仿真结果

8.2.3　光流场提取算法对避障算法效能影响的验证

　　光流场算法分别选用基于张量黎曼度量的块匹配光流场算法结合基于 PCA-FLSS 时空兴趣点匹配光流场计算方法,模板大小 32×32(以下简称算法 A)、LK 算法(以下简称算法 B)、基于灰度的块匹配光流场计算方法(以下简称算法 C)、HS算法(以下简称算法 D),同时,作为比较,还使用基于图像分割的障碍提取算法(以下简称算法 E)进行避障仿真。避障算法效能主要使用帧平均计算时间和障碍识别率两个指标进行评估,前者衡量实时性,后者衡量准确性。

平均帧计算时间为不同算法完成避障所需时间除以帧数,各算法的平均帧计算时间如图 8.13 所示。

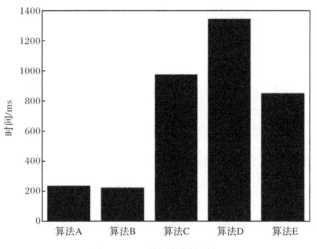

图 8.13　平均帧计算时间

障碍识别率测试实验设计如下:在距离障碍 12～40m 处,每隔 2m 仿真对障碍的识别效果,若可以完整地提取所有障碍,则记为有效识别,反之则为无效识别,统计上述算法的有效识别率,如图 8.14 所示,其中横轴为障碍数量,纵轴为识别率。

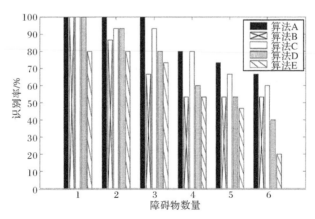

图 8.14　各算法对障碍识别率

由图 8.13 和图 8.14 可知,在算法时效性方面,算法 A 和算法 B 计算速度较快,若避障系统每秒需要发出 4 次指令,算法 A 和算法 B 已经可以满足这一要求;

在准确性方面,算法 A 和算法 C 表现得较为稳健,识别率显著高于算法 D 和算法 E;算法 B 在障碍数量较少时识别率较高,障碍数量多时,识别准确率下降。

综上所述,基于匹配光流的飞行器避障算法在实际工程中可以很好地进行障碍物的判断,并控制飞控系统执行避障机动。进一步对算法时效性和准确性的测试表明,算法每秒钟可输出 4 次避障控制指令,可满足无人飞行器实时避障的需求;在视场中障碍数不多于 3 个的情况下,对障碍的识别率为 100%。

8.3　光流避障信息提取半实物仿真实验系统

8.3.1　光流避障信息提取半实物仿真实验系统总体架构

该光流导航系统主要模拟微小型飞行器视觉导航的动态特性以及验证光流算法的可行性,并且根据光流算法解算出导航参数以及解决飞行器避障问题。该系统利用投影仪或仿真目标模拟真实飞行过程中的路径场景,然后利用计算机通过控制接口控制直线运动机构带动云台及摄像头运动,模拟微小型飞行器的空中直线飞行姿态;计算机同时控制云台转动,模拟飞行姿态角的变化;通过视频采集卡将摄像机图像和姿态信息传送到计算机中,利用相关算法进行导航数据的解算。该系统的整体组成如图 8.15 所示。

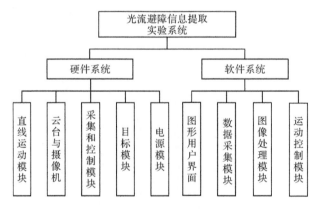

图 8.15　系统组成框图

8.3.2　硬件系统组成

实验系统如图 8.16 所示。直线运动模块和云台用于产生模拟飞行器的运动,摄像机用于捕捉场景信息,如图 8.17 所示。采集和控制模块(图 8.18)用于采集摄像机视频数据及姿态信息。目标模块用于各种障碍场景。电源模块(图 8.19)为硬件系统提供能源。

图 8.16　实验系统

图 8.17　云台与摄像机

图 8.18　采集与控制模块

图 8.19　电源模块

硬件系统部分模块相关参数如表 8.4 所示。

表 8.4　部分硬件模块参数

设备	参数						
摄像机	视场角	信号制式	有效像素	视频输出	工作电压	镜头大小	标配
	30°	PAL	1024×768	BNC	DC12V	12mm	1/3in CCD
云台	输入电压	最大输入电流	最大负载	最高转速	俯仰角度	滚转角度	角分辨率
	DC12～27V	2A	5kg	10°/s	−36°～36°	−157°～157°	0.0129°
直线运动模块	导轨长度	有效负载	速度	驱动装置	—	—	—
	2m	6kg	0.1～0.5m/s	步进电机	—	—	—
采集和控制模块	视频采样频率	接口	数据传输	姿态采样频率	角速度测量误差	—	—
	25 帧/s	USB	两路实时	100Hz	±0.05°	—	—

8.3.3　软件部分组成

软件主要包括图形用户界面、图像处理模块、数据采集模块和运动控制模块，其中图形用户界面和图像处理模块基于 MATLAB2012b 和 Simulink 模块开发，数据采集模块和运动控制模块基于云台以及直线运动机构制造商的 API 接口实现。软件总体架构如图 8.20 所示。

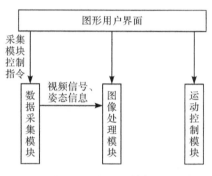

图 8.20　软件总体架构

1. 图形用户界面

图形用户界面分为初始化界面、云台控制界面、直线运动机构控制界面、实时图像界面、姿态提取界面。其中，初始化界面主要实现对视频采集卡、云台、直线运动机构、姿态提取设备的初始化以及对串口通信的波特率和传感器采样频率进行设置。云台控制界面主要负责云台的运动方向、速度的控制，水平、倾斜边界的设定。直线运动机构控制界面主要负责直线运动机构的运动，主要控制运动方向和速度。实时图像界面可以显示由视频采集卡采集而来的实时图像。在本系统的设定中，预留了 3 个图像显示位置，为以后系统的扩展做准备。在该界面上，还有保存视频的功能，从而实现实时存储，可以将采集到的视频保存到硬盘上。姿态提取界面是传感器将云台模拟飞行器的参数（如俯仰角）等进行实时显示，并保存这些姿态数据供以后数据处理使用。图形用户界面如图 8.21 所示。

2. 数据采集模块

数据采集模块主要包括两部分的数据采集功能。第一部分是由摄像头采集的图像，由于采集到的是模拟信号，因此使用了视频采集卡进行处理，将模拟信号转化为数字信号，从而完成实时显示和存储。第二部分是姿态的提取，使用 UDP 将传感器的数据交付图形界面进行显示和存储。

图 8.21　图形用户界面

3. 图像处理模块

将由数据采集模块采集的数据交给图像处理模块进行相应的处理。本模块中,采集的数据由 Simulink 进行进一步的处理,由于采用了多线程的处理方式,数据采集和图像处理可以同时进行,或者离线处理采集的视频。算法总体框图如图 8.22所示。

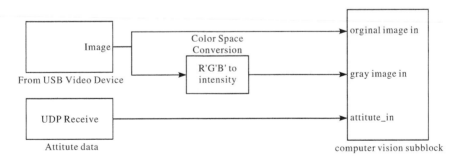

图 8.22　图像处理算法总体框架

4. 运动控制模块

运动控制模块主要实现图形用户界面中关于云台以及直线运动机构的控制

操作,这里使用云台以及直线运动机构开发商的一些接口实现。运动控制界面如图 8.23 所示。

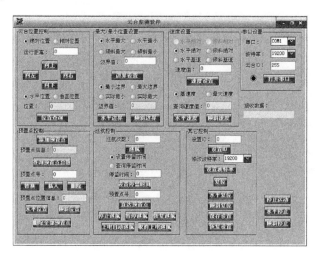

图 8.23　运动控制软件界面

8.3.4　平移光流场提取与 FOE 估计实验

实验布置与现场图如图 8.24 所示。摄像机沿导轨以速度 v 向棋盘图运动,同时以角速度 ω 进行绕光心的旋转,采集和控制模块将图像和云台运动信息采集到计算机中。实验中,$v=0.4\text{m/s}$,$\omega=5°/\text{s}$,截取第 7 帧和第 8 帧图像,如图 8.25(a)和(b)所示,计算其匹配光流场如图 8.25(c)所示,并解算的平移光流场和 FOE 位置,如图 8.25(d)所示。

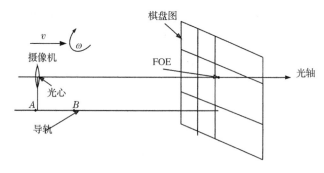

(a)实验示意图

(b) 实验使用的棋盘图

(c) 实验现场

图 8.24　实验布置与现场图

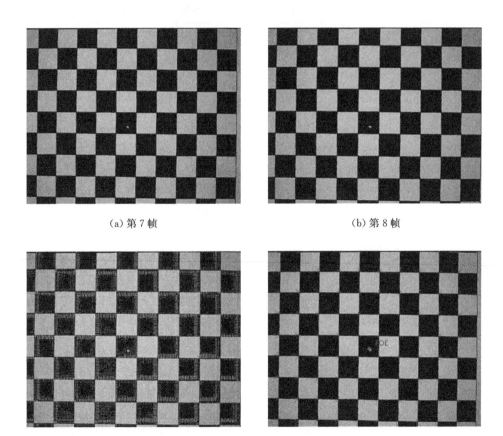

(a) 第 7 帧　　　　　　　　　　　　　　　　(b) 第 8 帧

(c) 光流场结果　　　　　　　　　　(d) 平移光流场提取结果及 FOE 估计

图 8.25　平移光流场提取与 FOE 估计实验结果

平移光流场的估计误差为

$$E_{x,y}^{\mathrm{Angle}} = \frac{\mathrm{TF}_{x,y}^{\mathrm{E}} \cdot \mathrm{TF}_{x,y}^{\mathrm{R}}}{|\mathrm{TF}_{x,y}^{\mathrm{E}}||\mathrm{TF}_{x,y}^{\mathrm{R}}|} \tag{8.2}$$

其中，$E_{x,y}^{\mathrm{Angle}}$ 是点 (x,y) 处平移光流场估计角误差；$\mathrm{TF}_{x,y}^{\mathrm{E}}$ 是该点估计平移光流场；

$$\mathrm{TF}_{x,y}^{\mathrm{R}} = (x - x_{\mathrm{FOE}}, y - y_{\mathrm{FOE}}) \tag{8.3}$$

计算图像上各点即可得到估计算法精度的平均估计角误差为

$$\bar{E}_{x,y}^{\mathrm{Angle}} = \frac{\sum E_{x,y}^{\mathrm{Angle}}}{N} \tag{8.4}$$

其中，N 为总像素数。

在不同的导轨平移速度、云台角速度情况下，分别进行平移光流场估计实验，得到的计算误差如表 8.5 所示。

表 8.5　不同速度和云台角速度情况下的平移光流场估计误差

平均角误差/(°)		云台角速度/(°/s)		
		10	5	1
平移速度 /(m/s)	0.1	4.8147	2.9134	1.2785
	0.3	5.9058	3.6324	1.5469
	0.5	7.127	5.0975	1.9575

由上述仿真结果及表 8.5 可以得出结论，本书提出的算法可以有效完成平移光流场的提取，并估计 FOE 位置；平移光流场的提取精度与滚转角速度和飞行速度正相关；当飞行器滚转角速度较高时，会带来一定的平移光流场估计误差，而当其滚转角速度小于 5°/s 时，平移光流场估计误差较小。

8.3.5　障碍提取实验

障碍提取实验包括对静止障碍提取和对运动障碍提取两部分。

静止障碍提取采用表面绘有棋盘图的立方体作为障碍物，如图 8.26(a) 所示，三个立方体尺寸分别为 20cm×20cm×40cm，其相对摄像机的位置布局如图 8.26(b) 所示。

取视频序列的 1.98s 与 2.0s 两帧，计算光流场，并结合姿态信息估计其平移光流如图 8.27(a) 所示，计算图像深度图如 8.27(b) 和 (c) 所示，其中，图 8.27(b) 采用灰度表征图像上各个区域的景深，灰度值越高（图中亮区），距离摄像机的距离越近，反之，则距离越远；对图 8.27(b) 中的深度信息进行均值化，则可得到图 8.27(c) 所示的相对深度图，相对深度图表征了图像运动方向上障碍的分布情况，相对深度越大，该区域障碍距离摄像机越近。深度信息结合障碍空间位置信息，对图像中障碍区域进行 K-means 聚类，得到的聚类结果如图 8.27(d) 所示，实现了障碍区域的区分，之后对聚类结果进行图像形态学处理如图 8.27 所示(e)，最

（a）立方体障碍布置图

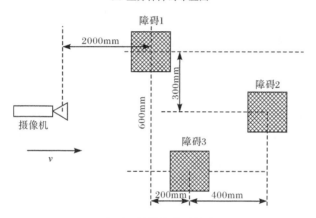

（b）相对摄像机位置关系

图 8.26　障碍布置与摄像机位置关系

终得到障碍区域的提取结果如图 8.27(f)所示。

（a）平移光流场及 FOE　　　　　　　　（b）障碍深度图（灰度表征深度）

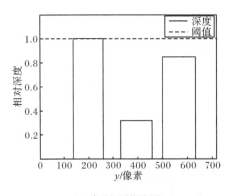

（c）障碍相对深度图

（d）K-means 聚类区分不同深度的障碍

（e）形态学处理后的障碍区域

（f）障碍提取结果

图 8.27　静止障碍提取实验及结果

运动障碍的提取实验装置布局如图 8.28（a）所示，摄像机直线运动速度 $v=$ 0.5m/s；在实验开始后 1.76s，实验人员进入摄像机视场，其产生的匹配光流场如图 8.28（b）所示；θ_T 取 30°，二值化后的角偏置矩阵图像如图 8.28（c）所示；对上述图像进行形态学处理，可提取出运动障碍区域如图 8.28（d）所示；令碰撞时间 $\tau=$ 2s，则当实验开始后 2.36s，系统发出警报，表示此时摄像机已经脱离安全距离，可能发生碰撞。图 8.28（e）和（f）显示了此时刻的障碍提取结果以及障碍与 FOE 的相对位置关系。

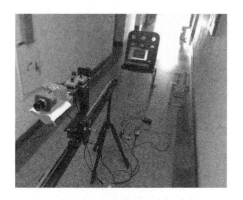

（a）实验装置图

（b）1.76s 图像光流场

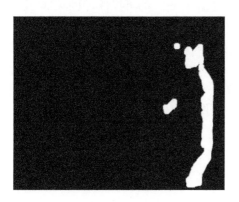

（c）二值化后的角偏置矩阵

（d）提取出的运动障碍区域

（e）2.36s 障碍提取结果

（f）障碍接近 FOE 发出警报

图 8.28　运动障碍提取实验及结果

由实验可以看出，本书提出的障碍提取算法可用于静止障碍和运动障碍的提取。

8.4　本章小结

本章主要介绍了光流法的常见仿真方式,包括基于 X-Plane 的计算机仿真,基于 MATLAB 的计算机仿真以及基于实验平台的半实物仿真系统。

本章介绍的基于 X-Plane 的计算机仿真系统是集视觉仿真、飞行器控制器仿真及气动模型仿真为一体的仿真系统。本书主要使用了其中的视觉仿真系统,该视觉仿真系统基于 X-Plane 三维飞行仿真系统,通过该系统能够真实模拟飞行器在空中对地面的观察情况,从而得到十分适合于光流计算的图像数据。

基于 MATLAB 的计算机仿真是使用 MATLAB 作为图像数据的生成平台来达成仿真的目的,相对于基于 X-Plane 的仿真系统有更大的可控性,但是相对其受限于 MATLAB 的效能,其运行速度较慢,仿真时间较长。

基于实验平台的半实物仿真系统用摄像机采集真实数据作为半实物仿真系统的图像来源。相对于计算机仿真方式,该方法能够更有效地反映出摄像机的光学信息,这些信息是计算机仿真所不具备的。当然,其缺点也同样明显,设备较大,能够采集的数据较少,无法进行长时间的成像采集。